지금 과학

지금 과학

우리가 세상을 읽을 때 필요한 21가지

마커스 초운

이덕환 옮김

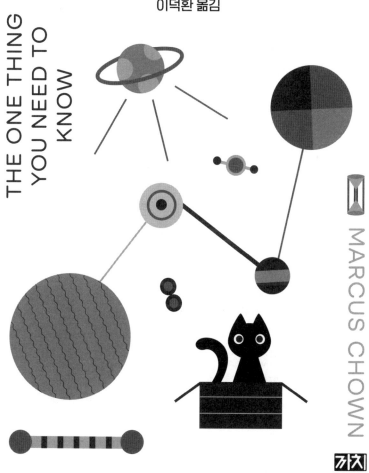

THE ONE THING YOU NEED TO KNOW

MARCUS CHOWN

까치

THE ONE THING YOU NEED TO KNOW : The Simple
Way to Understand the Most Important Ideas in Science

by Marcus Chown

역자 이덕환(李惠煥)

서울대학교 화학과 졸업(이학사), 서울대학교 대학원 화학과 졸업(이학석
사), 미국 코넬 대학교 졸업(이학박사), 미국 프린스턴 대학교 연구원을 거
쳐 서강대학교에서 34년 동안 이론화학과 과학커뮤니케이션을 가르치고
은퇴한 명예교수이다. 저서로는 『이덕환의 과학세상』 등이 있고, 옮긴 책으
로는 『거의 모든 것의 역사』, 『질병의 연금술』, 『화려한 화학의 시대』, 『같기
도 하고 아니 같기도 하고』, 『아인슈타인 : 삶과 우주』, 『춤추는 술고래의 수
학 이야기』 등 다수가 있으며, 대한민국 과학문화상(2004), 닮고 싶고 되고
싶은 과학기술인상(2006), 과학기술훈장웅비장(2008), 과학기자협회 과학
과 소통상(2011), 옥조근정훈장(2019), 유미과학문화상(2020)을 수상했다.

편집, 교정 _ 김나무

지금 과학 : 우리가 세상을 읽을 때 필요한 21가지

저자/마커스 초운
역자/이덕환
발행처/까치글방
발행인/박후영
주소/서울시 용산구 서빙고로 67, 파크타워 103동 1003호
전화/02·735·8998, 736·7768
팩시밀리/02·723·4591
홈페이지/www.kachibooks.co.kr
전자우편/kachibooks@gmail.com
등록번호/1-528
등록일/1977. 8. 5
초판 1쇄 발행일/2024. 4. 5

값/뒤표지에 쓰여 있음

ISBN 978-89-7291-830-1 03400

정전이 잦았던 1970년대, 런던 전력청에 근무하며
동료가 좋아하던 TV 프로그램「닥터 후-Docter Who」가
끝난 뒤에야 풀럼 지역의 전기를 차단했던 에릭과
뉴욕의 컴퓨터 마법사 마크에게

차례

서문

"나는 세상에서 가장 현명한 사람이다.
내가 아무것도 모른다는 사실을 알고 있기 때문이다."
―소크라테스

"나는 아무것도 모르는 채로 태어났는데,
그런 사실을 어느 정도 변화시킬 시간도 충분하지 않았다."
―리처드 파인먼

최근에 나는 어느 변호사 사무소로부터 양자 컴퓨터에 대한 강연을 해달라는 요청을 받았다. 과학 지식이 없는 청중이 있을 수도 있다는 말을 들은 나는 "양자 컴퓨터를 이해하기 위해서 반드시 알아야 하고, 다른 모든 것도 알 수 있도록 해주는 한 가지는 무엇일까?"에 대해서 생각해보았다. 강연을 준비하던 중 나는 다른 수많은 과학적 개념들에 대해서도 똑같은 방법을 활용할 수 있다는 사실을 깨달았다. 시간이 부족한 사람들에게 어떤 주제를 이해하도록 해주는 한 가지를 알려주고, 다른 모든 것은 그것으로부터의 논리적 귀결로 파악할 수 있게 된다는 사실을 보여주는 것이 심오한 문제를 이해하기 쉽게 압축적으로 전달하는 신선하고 재미있는 방법이 될 수 있다고 말이다. 아인슈타인의 특수 상대성 이론은 빛을 따라잡을 수 없다는 사실에서 유도된 결과이다. 마찬가지로 대부분의 양자 이론은 물질의 궁극적인 구성 요소인 원자와 기본 입자들이 국소적인 입자이면서 동시에 공간적으로 퍼져 있는 파동처럼 행동한다는 독특한 사실에서 얻은 결과이다. 400년에 달하는 물리학의 정점이라고 할 수 있는 입자물리학의 표준모형도 자연이 국부적 게이지 대칭(조금 어려운 것이기는 하다!)을 신비스러울 정도로 고집한 결과이다. 물론 모든 문제가 그렇게 명백한 것은 아니다. 인간의 진화나 뇌처럼 복잡한 문제의 경우에는 모든 것을 오직 한 가지로 설명할 수는 없다. 그러나 나는 지구 온난화부터 힉스 입자, 전기에서 빅뱅, 블랙홀에서 자연선택에 의한 진화에 이르기까지, 21개의 주제를 이런 방법으로 설명하기 위해서 최선을 다했다. 이 책을 재미있게 읽어주기를 바란다!

마커스 초운

1

중력

모든 물체는 다른 모든 물체를 끌어당긴다

"천체의 움직임까지 계산할 수는 있는 나도
사람들의 광기(狂氣)는 어쩔 수가 없다."
—아이작 뉴턴

중력은 모든 물체와 다른 모든 물체 사이에 작용하는 "보편적" 인력
이다. 예를 들면 여러분과 길을 지나가는 다른 사람 사이에도 중력이
작용하고, 여러분과 주머니에 들어 있는 동전 사이에도 중력이 작용
한다. 그러나 중력은 지극히 약하기 때문에 그 존재를 실제로 느끼기
는 어렵다. 심지어 중력이 작용하지 않는 것처럼 보일 수도 있다. 그
러나 중력 때문에 여러분은 공중으로 1미터도 뛰어오르지 못하고 바
닥으로 다시 떨어지게 된다. 어쨌든 중력은 아주 미약한 힘이다. 팔
을 수평으로 뻗어보자. 수천조 톤이나 되는 지구 전체에 의한 중력도
여러분의 팔을 아래로 끌어당기지 못한다.

중력은 근본적으로 약한 힘이다. 그러나 물질이 많아질수록 더 커

지는 속성이 있다. 전자기력은 서로 끌어당기기도 하고(인력) 밀어내기도 해서(척력) 일상적인 물질에서는 상쇄된다(전기에 대해서는 제2장 참조). 그러나 중력은 언제나 인력이라는 한 가지 형태로만 나타난다. 결과적으로 중력의 효과는 누적적이다. 물질이 많아질수록 중력에 의한 인력이 커진다. 그래서 주머니 속의 동전이나 길을 지나가는 사람에게 눈에 띄는 역할을 하지 못하는 중력이 행성, 별(항성), 은하, 우주 전체처럼 큰 물체에서는 중요한 역할을 한다.

중력이 지배적으로 커지는 문턱의 크기를 짐작해볼 수도 있다. 음전하를 가진 전자electron가 양전하를 가진 원자핵의 주위를 둘러싸고 있는 원자를 생각해보자(원자에 대해서는 제8장 참조). 원자핵 주위를 둘러싸고 있는 전자들 사이의 반발력이 원자들을 서로 떨어져 있도록 해주고, 물체를 단단하게 만들어준다. 1개의 양성자proton를 1개의 전자가 둘러싸는 가장 간단한 구조의 원자인 수소에서는 원자들 사이의 중력이 전자기력보다 1만 배의 10억 배의 10억 배의 10억 배의 10억 배, 즉 10^{40}배나 더 약하다. 결과적으로 물체에 10^{40}개 이상의 원자가 들어 있어야만 중력이 전자기력과 비슷해진다.

10^{40}개의 원자가 들어 있는 돌은 지름이 대략 600킬로미터이고, 더 쉽게 압축할 수 있는 얼음의 경우에는 지름이 400킬로미터에 달한다. 중력에 의한 인력이 지배적인 물체는 물질이 가장 조밀하게 모여 있는 둥근 공 모양이 된다. 그래서 태양계에서 지름이 대략 600킬로미터 이상인 암석 천체는 둥근 공 모양이고, 그보다 작은 크기의 천체는 감자 모양이 된다고 짐작할 수 있다. 얼음 덩어리일 경우에는

이러한 문턱 크기가 대략 400킬로미터이다. 태양계에서는 이런 짐작들이 사실로 확인된다.

원래 중력의 모형은 자기력磁氣力이었다. 1600년에 영국의 과학자 윌리엄 길버트가 자연적으로 자기적 성질을 가진 "자철석lodestone"으로 실험을 수행했다. 그는 자철석의 무게가 무거울수록 철 조각에 작용하는 인력이 더 커진다는 사실을 발견했고, 그런 인력이 **상호적**이라는 사실도 밝혀냈다. 즉 자철석이 철 조각에 미치는 인력의 크기는 철이 자철석에 미치는 인력의 크기와 정확하게 같았다. 이런 사실을 근거로 길버트는 자기력이 태양계를 유지하도록 해주는 힘이라고 주장했다.

아이작 뉴턴의 가장 치열한 경쟁자였던 로버트 훅은 길버트의 발견에 매력을 느꼈다. 그러나 훅은 태양이 행성들을 붙잡고 있는 힘이 자기력일 수는 없다고 생각했다. 자철석을 뜨겁게 가열하면 자기력이 사라지는데, 태양은 매우 뜨거운 것이 분명했기 때문이다. 그렇지만 훅은 태양계를 구성하는 천체들의 운동을 조율하는 힘을 자기 현상으로 설명할 수 있다는 사실을 밝혀냈다. 자기력과 마찬가지로 중력도 비어 있는 공간을 통해서 하나의 물체로부터 뻗어나가 멀리 떨어져 있는 다른 물체를 붙들 수 있다는 것이다. 자기력의 경우처럼 중력이 커지면 관련된 질량도 커진다. 그리고 자기력과 마찬가지로 중력도 상호적인 힘이다.

중력의 구체적인 특성에 대한 실마리는 요하네스 케플러의 행성 법칙에 들어 있다. 이 독일의 수학자는 덴마크의 천문학자 튀코 브라헤가 남긴 1609년부터 1619년까지의 행성 관측 자료를 분석했다. 브라헤가 벤 섬에 있는 자신의 천문대에서 맨눈으로 측정한 자료였다. 케플러는 엄청난 노력으로 결국 행성의 움직임을 지배하는 세 가지 법칙을 찾아냈다.

케플러의 행성 운동 제2법칙에 따르면, 행성은 태양에 가까워지면 더 빠르게 움직이고, 멀어지면 더 느리게 움직인다. 더 정확하게 설명하면, 행성과 태양을 연결하는 가상의 선이 일정한 시간 동안 지나가는 면적은 일정하다는 것이다. 가상의 선이 지나가는 면적은 행성의 속도와 태양으로부터의 거리를 곱한 양에 비례한다. 오늘날에는 그 면적을 궤도 각운동량orbital angular momentum이라고 부른다. 이후 뉴턴은 행성에 작용하는 힘이 오로지 태양만을 향하고, 행성의 경로에 다른 물체가 없는 경우에만 궤도 각운동량이 일정하게 유지된다는 사실을 밝혀냈다.

그런 사실이 얼마나 놀라운 것인지를 생각해보자. 뉴턴 이전에 행성의 움직임에 관심을 가졌던 사람들은 행성이 궤도를 따라 움직일 수 있도록 밀어주는 힘이 존재한다고 생각했다. 행성과 함께 날아다니는 천사들이 행성을 불어주거나 날개를 펄럭여서 밀어준다고 믿었다. 그러나 뉴턴은 행성이 궤도를 따라 움직이도록 밀어주는 힘이 존재하지 않는다는 사실이 바로 케플러 제2법칙의 핵심이라는 점을 깨달았다. 오히려 행성이 움직이는 이유는 오로지 물체가 계속 움직이려는 경향 때문이라는 사실을 알아낸 것이다(현대 물리학에서는 이러한 경향을 관성[intertia]이라고 부른다/역주). 뉴턴은 그런 사실을 "물체는 힘이 작용하지 않는 한 정지해 있거나, **직선을 따라 일정한 속도로 움직인다**"라는 제1운동 법칙으로 정리했다. 지구에서는 언제나 발로 찬 축구공이 느려지도록 하는 마찰과 같은 힘이 작용한다. 그런 힘이 작용하지 않을 때는 축구공이 직선을 따라서 영원히 움직이게 된다. 놀라운 통찰력을 가지고 있었던 뉴턴은 언제나 태양을 향하고 있는 중력이 행성의 궤도 운동에 어떤 영향을 미치는지를 정확하게 알아낼 수 있었다. 중력이 자연적으로 직선을 따라서 움직이는 행성을 연속적으로 잡아당긴다. 결국 중력은 행성을 태양 궤도에 영원히 붙잡아두게 된다.

뉴턴은 태양과 같은 거대한 물체로부터의 거리에 따라 중력의 세기가 어떻게 달라지는지를 비롯한 중력의 정확한 특징을 알아내야만 했다. 중력이 보편적일 것이라는 통찰이 그런 일을 가능하게 해주었다. 다시 말해서 그는 행성에 작용하는 힘이 나무에서 떨어지는 사과에 작용하는 힘과 똑같을 것이라고 짐작했다. 이런 제안은 천상의 세계가 지상의 세계와는 본질적으로 다를 뿐만 아니라, 전혀 다른 법칙의 선율에 따라 춤추고 있을 것이라는 당시 교회의 가르침에 위배되는 급진적이고 대담한 것이었다. 그러나 이 생각 덕분에 뉴턴은 떨어지는 사과에 작용하는 지구 중력의 세기를 달에 작용하는 지구 중력의 세기와 직접 비교할 수 있었다. 사과가 지구의 중심에서 얼마나 멀리 떨어져 있고, 달이 지구의 중심에서 얼마나 멀리 떨어져 있는지를 알아내면 중력이 거리에 따라서 어떻게 달라지는지를 알아낼 수 있을 것이었다.

땅으로 떨어지는 사과와 달리 달은 아래로 떨어지지 않기 때문에, 본래는 사과와 달에 작용하는 지구의 중력을 서로 비교하는 것이 불가능해 보였다. 그러나 겉으로 드러나는 현상은 속임수이고, 실제로는 달도 지구를 향해서 **떨어지고** 있다는 사실을 깨달은 것이 뉴턴의 천재성이었다.

뉴턴은 수평으로 포탄을 발사하는 대포를 생각했다. 공중으로 날아가는 포탄은 중력에 의해서 아래로 끌어당겨지고, 결국에는 1킬로미터의 절반 정도에 해당하는 지점에 떨어지게 된다. 더 큰 대포를 사용하면 포탄이 더 빨리 날아가서 5킬로미터까지 날아간 후에 땅에 떨어진다. 마지막으로 시속 1만8,000킬로미터의 속도로 포탄을 쏘는 슈퍼 대포도 생각해볼 수 있다. 그렇게 엄청난 속도에서는, 포탄이 지구를 향해서 떨어지는 만큼 지구의 휘어진 표면도 포탄으로부터 멀어지게 된다. 그래서 포탄은 절대 땅에 떨어지지 않는다! 사실 포탄은 **영원히 떨어지면서 원형 궤도를 따라서 돌게** 되는 것이다. 달의 움직임이 정확하게 그렇다. 사과가 나무에서 떨어지는 것과 마찬가지로 달 역시 지구를 향해서 떨어지고 있다. 따라서 "지구 주위를 돌고 있는 달과 인공위성이 왜 아래로 떨어지지 않는가?"라는 질문에 대한 놀라운 대답은 그들도 역시 아래로 떨어지고 있다는 것이다. 다만 그들은 절대 땅에 도달하지 못할 뿐이다.

뉴턴은 사과가 땅에 떨어질 때까지 걸리는 시간을 측정해서 사과의 가속도를 추정했고, 같은 시간 동안에 달이 지구 쪽으로 얼마나 떨어지는지를 알아내서 달의 가속도도 추정했다. 지구 중심으로부터 사과나 달까지의 거리를 고려해서 두 값을 비교해본 그는 중력이 역제곱 법칙inverse-square law을 따라서 약해진다는 사실을 밝혀냈다. 다시 말해서 2개의 무거운 물체가 서로 2배만큼 멀어지면 두 물체 사이에 작용하는 중력은 4배만큼 약해진다. 거리가 3배만큼 멀어지면 중력은 9배만큼 약해진다. 그렇게 계속된다.

다음 수수께끼를 풀기 위해서 뉴턴은 역제곱 법칙을 따르며 태양의 중력에 의해서 끌어당겨지는 행성은 타원 궤도를 따라 움직인다는 사실도 입증했다. 실제로 태양 주위를 도는 행성의 경로가 그리스 사람들이 믿었던 것처럼 완벽한 원이 아니라 타원이라는 사실을 발견한 사람은 케플러였다. 그는 "행성은 태양이 1개의 초점이 되는 타원 궤도를 따라 움직인다"*는 사실을 자신의 행성 운동 제1법칙으로 삼았다. 뉴턴이 케플러 제1법칙을 설명하는 일에 관심을 가지게 된 것은 1684년 8월의 일이었다. 에드먼드 핼리가 자신의 친구인 로버트 훅과 크리스토퍼 렌이 벌이고 있던 논쟁을 해결하기 위해서 케임브리지에 있는 뉴턴을 찾아왔다. 훅은 스스로 증명하지는 못했지만, 중력이 태양 쪽으로 작용하고 역제곱 법칙을 따른다면, 행성의 궤도는 케플러가 발견했듯이 타원이 된다고 우겼다.[1] 뉴턴은 행성의 궤도가 실제로 타원이라는 사실을 자신이 직접 증명했다고 핼리에게 말해주었다. 그러나 트리니티 칼리지에 있는 자신의 사무실 어디에서도

---

* 타원은 긴 축에 2개의 고정된 초점을 가지고 있다. 타원 위에 있는 임의의 점에서 양 초점까지의 거리를 합하면 언제나 일정한 값이 된다.

자신이 계산 결과를 적어놓은 기록을 찾을 수는 없었다. 핼리의 방문을 계기로 그는 자신의 계산을 다시 확인해보고, 수십 년 동안 이어온 중력과 운동에 관한 연구의 결과를 정리해서 발표하는 작업에 본격적으로 돌입했다. 2년이나 걸렸던 그의 작업은 과학의 기념비적 성과가 된 『프린키피아*Principia*』로 완성되었다.

실제로 뉴턴이 밝혀낸 사실은 더 복잡했다. 그의 결론은 역제곱 법칙을 따르며 인력의 영향을 받는 물체는 타원이 아니라 더 일반적인 원뿔 곡선conic section을 따라 움직인다는 것이었다. 테이블에 원뿔을 세워놓고 날카로운 칼로 깔끔하게 잘라내는 경우를 생각해보자. 칼로 원뿔의 한쪽에서 다른 쪽으로 자르면 타원의 단면이 나타난다. 그리고 바닥과 평행하게 자르는 경우의 단면은 타원의 특별한 경우인 원이 된다. 원뿔의 한 부분에서부터 반대쪽과 평행인 방향으로 바닥까지 자르면 끝이 열려 있는 포물선 모양의 단면이 된다. 그리고 칼로 원뿔의 한쪽에서부터 바닥에 수직인 방향으로 잘라내면 단면 끝이 열려 있는 쌍곡선이 된다.

세 가지 단면에 해당하는 경로는 세 가지 서로 다른 물리적 상황에 해당한다. 태양으로부터 탈출하기에 충분한 속도나 에너지를 가지지 못한 천체는 행성처럼 영원히 타원 궤도에 갇히게 된다. 그러나 탈출할 수 있는 정도의 충분한 에너지를 가진 천체는 쌍곡선 경로를 따라 태양으로부터 멀리 날아가버린다. 포물선은 묶여 있는 상태와 자유로운 상태 사이의 아슬아슬한 경계에 있는 물체의 경로이다. 이 천체는 태양과의 거리가 무한히 멀어져야만 태양 중력의 횡포로부터 벗어

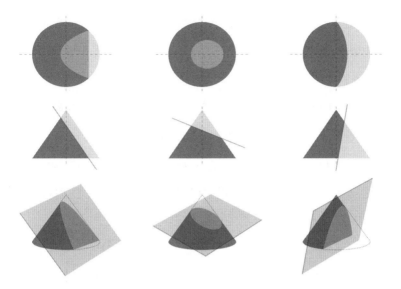

원뿔의 단면 원뿔을 자르는 방법에 따라서 포물선(왼쪽), 타원(중간), 쌍곡선(오른쪽)
의 세 가지 단면이 나타난다. 이 단면들이 모두 태양 중력의 영향을 받는 물체의 경로가
될 수 있다.

날 수 있지만, 그때까지는 무한히 오랜 시간이 걸릴 것이다.

　뉴턴은 자신의 중력 법칙을 이용해서 지구 주위를 도는 달의 움직
임과 태양 주위를 도는 행성의 움직임은 물론이고, 넓은 바다에서 발
생하는 조석潮汐 현상도 설명할 수 있었다. 조석 현상도 달과 태양의
중력에 의해서 일어난다.

　사실 조석 현상은 단순히 중력이 아니라 중력의 **차이**에 의해서 발
생한다. 달을 생각해보자. 달에 의한 중력은 거리에 따라 약해진다.
그래서 바다가 달을 향하고 있을 때는 해저의 물에 작용하는 인력이
해수면의 물에 작용하는 인력보다 더 약해진다. 그런 차이 때문에 바

닷물이 위쪽으로 조금 솟아오르게 된다. 지구가 자전축을 중심으로 회전하기 때문에 이러한 솟아오름이 바다를 통해서 움직이면서 해변의 해수면을 오르내리게 만든다. 그러나 이것은 하루에 두 번씩 나타나는 조석 현상 중 하나를 설명할 뿐이다. 다른 하나는 달에서 멀리 떨어진 지구 반대쪽에서 발생한다. 이 경우에는 달에 더 가까운 해저의 물에 작용하는 인력이 해수면의 물에 작용하는 인력보다 더 강하다. 그런 차이가 해수면의 물을 해저로부터 상대적으로 덜 끌어당겨서 마찬가지로 해수면이 솟아오르게 된다.

실제로 특정 지역에서의 조석 현상은 24시간이 아니라 대략 25시간마다 두 번씩 발생한다. 지구가 자전하는 동안 달이 바다 위에 고정되어 있지 않고, 지구의 자전과 같은 방향으로 공전하기 때문이다. 달이 지구를 1바퀴 도는 데는 27.3일이 걸린다. 그래서 달 바로 밑에 있던 바다의 특정한 지점은 24시간이 지나더라도 다시 달의 바로 밑으로 돌아오지 않는다. 바다의 특정한 지점이 다시 달 바로 밑에 위치하려면 지구가 완전히 한 바퀴 도는 24시간의 1/27.3인 약 53분만큼을 더 자전해야 한다. 결국 24시간이 아니라 24시간 53분 동안에 두 번의 조석 현상이 일어나게 된다.

달의 인력에 의한 조석 현상의 크기는 태양의 인력에 의한 조석 현상의 2배이다. 달의 밀도가 태양의 밀도보다 2배 크다는 뉴턴의 추측은 옳았다. 그의 결론은 정말 훌륭한 것이었다. 그것은 하늘에 떠 있는 달과 태양이 거의 같은 크기로 보인다는 특이한 우주적 우연 덕분이다.[2] 우리가 태양이 달에 의해서 완전히 가려지는 개기 일식을 주

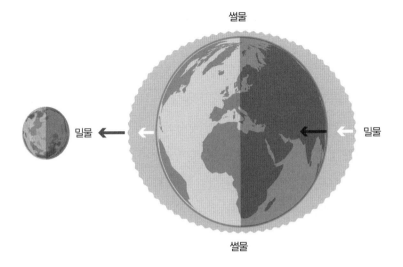

썰물

밀물 ← ← ← ← **밀물**

썰물

조석 현상 달이 해저보다 해수면의 물을 더 세게 끌어당기면 바다가 솟아오른다. 지구의 반대편에서는 정반대의 이유로 바다가 솟아오른다.

기적으로 볼 수 있는 것도 그런 우연의 일치 때문이다. 그러나 달이 지구로부터 멀어지고 있기 때문에, 그런 장관은 지구의 역사에서 5퍼센트의 기간에만 볼 수 있다(판 구조론에 대해서는 제6장 참조). 현재 지구에서 발사한 펄스 형태의 레이저 광선이 1970년대 아폴로 우주 비행사들이 달 표면에 남겨놓았던 "코너 큐브coner-cube" 반사체(서로 직각으로 만나는 3개의 반사판으로 만든 역반사체. 역반사체에 반사되는 빛은 입사광과 겹치지 않으면서 같은 방향으로 진행한다/역주)에 반사되어 돌아오는 시간으로 측정한 결과에 따르면, 달은 지구로부터 매년 4센티미터씩 멀어지고 있다.

조석 현상은 지구의 바다에서만이 아니라 암석에서도 일어난다. 썰물 때는 우물의 수위가 올라오고, 밀물 때는 우물의 수위가 내려가는 기이한 현상이 발생하는 것도 똑같은 이유 때문이다. 기원전 100년 경에 그리스의 철학자 포시도니우스가 처음 발견한 이런 현상이 발생하는 이유는 1939년이 되어서야 설명할 수 있게 되었다.[3] 우물은 당연히 땅이 물을 잔뜩 머금고 있는 곳에 파기 마련이다. 그리고 밀물 때는 땅이 위로 솟아오르면서, 흙이 스펀지처럼 우물물을 빨아들인다. 반대로 썰물 때는 솟아올랐던 땅이 다시 내려가면서, 스펀지가 머금었던 물을 짜내기 때문에 우물물의 수위가 다시 올라간다. 우물 수위의 정확한 변화량은 여러 변수들에 의해서 정해지는데, 무려 1미터에 이르기도 한다.

암석 조석rock tide에 의해서 발생하는 또다른 현상은 1992년, 유럽 입자물리학자들의 주요 활동지인 제네바 근처에 있는 CERN(유럽 입자물리학 연구소)의 물리학자들에 의해서 알려졌다. 그들의 전자−양전자 충돌기(LEP)는 땅속의 암석을 뚫어서 만든 거대한 고리 모양의 지하 터널이다. 물리학자들은 지하 경주로를 날아다니는 전자와 양전자의 속도와 에너지가 25시간마다 두 번씩 빨라진다는 사실을 주목했다. 한동안 그들은 혼란에 빠졌다. 결국 터널이 묻혀 있는 암석이 조석 현상에 의해 솟아올랐다가 다시 가라앉기 때문에, 25시간마다 두 번씩 LEP의 고리가 대략 1밀리미터 정도 늘어났다가 줄어든다는 사실을 확인했다.

그러나 암석 조석의 가장 놀라운 예는 아마도 피자를 닮은 목성의 위성인 이오Io에서 확인된 사례일 것이다. 거대한 행성인 목성과 근처의 다른 위성들 때문에 발생한 암석의 격렬한 조석 운동으로 이오의 내부는 모든 암석이 녹아버릴 정도로 뜨거워졌다. 이오는 태양계에서 화산 활동이 가장 활발한 천체로 알려져 있다. 사실 무게를 고려해서 비교하면, 이오가 태양보다 더 많은 열을 방출하고 있다!

뉴턴의 중력 법칙은 분명 놀라운 예측력을 가지고 있다. 그런데 그 법칙이 성립하지 않는 경우가 있다. 1915년 아인슈타인이 밝혀냈듯이 중력의 근원이 질량이 아니라 에너지이기 때문이다(일반 상대성 이론에 대해서는 제12장 참조). 질량-에너지는 분명히 에너지의 한 형태이지만 다른 에너지도 마찬가지로 중력을 가진다. 특히 태양계의 다른 곳보다 중력이 훨씬 더 강한 태양과 가까운 곳에서는 중력장 重力場 자체에 저장된 에너지도 중력을 가지고 있다. 그래서 태양 근처의 중력은 뉴턴이 예측했던 것보다 조금 더 강하고, 그런 사실이 태양계에서 가장 안쪽에 있는 행성인 수성의 변칙적인 움직임도 설명해준다. 수성은 태양 주위를 표준적인 타원형 궤도를 따라 움직이지 않고, 팽이가 기울어져서 회전하는 것과 같이 세차 운동에 의해서 장미 모양으로 변형된 로제타 궤도를 따라 움직인다.

뉴턴의 중력 법칙이 성립하지 않는 것과 마찬가지로 아인슈타인의 중력 이론인 일반 상대성 이론이 성립하지 않는 경우도 있다. 밀도가 터무니없을 정도로 무한히 큰 "특이점singularity"으로 알려진 블랙홀의 중심이나 빅뱅이 일어나는 경우가 그렇다(블랙홀과 빅뱅에 대해서는 제14장과 제21장 참조). "양자" 중력 이론이 이 문제를 해결해줄 것이라고 기대하는 사람도 있다(양자 이론에 대해서는 제7장 참조). 반드시 일반 상대성 이론이어야 하는 것은 아니지만, 현재로서는 일반적인 중력 이론과 양자 이론을 통합할 수 있는 유일한 틀은 "끈 이론 string theory"이다. 끈 이론은 기본 입자를 단순한 점으로 보지 않고 10차원 시공간에 존재하면서 진동하는 질량-에너지의 끈으로 본다. 끈 이론에서는 "막brane"이라고 알려진 2차원, 3차원, 4차원 등의 대상도 허용된다. 끈과 막이 중력에 남아 있는 수수께끼를 해결해줄 수도 있을 것이다.

자연의 네 가지 기본 힘은 단순히 하나의 슈퍼 힘superforce의 단면일 뿐이라고 믿는 물리학자들도 많다. 그러나 그런 힘을 오직 하나의 식으로 설명할 수 있다고 상상하기는 어렵다. 특히 중력은 어떤 힘보다 적어도 10^{40}배나 약하기 때문이다. 끈 이론이 그런 수수께끼를 해결할 가능성을 보여준다. 아마도 우리 우주는 10차원의 시공간에 떠 있는 "3차원 막"이라는 3차원의 섬일 수도 있다. 모든 힘이 우리의 3차원 막 안에 갇혀 있고, 유일하게 중력만 10차원의 "외부bulk"로 새어나간다면, 중력의 세기가 묽어질 수 있다. 그렇다면 중력이 상상을 초월할 정도로 약해지는 이유를 말끔하게 설명할 수 있게 된다.

2

전기

우리는 중력보다 1만의 10억 배의 10억 배의 10억 배의
10억 배나 더 강한 힘을 이용해서 세상을 움직인다

"번개를 담은 병, 텀블러, 그리고 병따개를 가져오라."
—찰스 디킨스[4]

전 세계 수십억 명의 사람들이 전기로 집에 불을 밝힌다. 세탁기, TV, 토스터, 휴대전화도 전기로 작동된다. 언젠가는 수십억 대의 자동차가 전기를 이용해서 도로를 달리게 될 수도 있다. 전기가 그런 모든 일을 할 수 있는 이유는 단순하다. 자연에서 전기의 위력이 상상할 수 없을 정도로 강력하기 때문이다.

전기력의 세기가 어느 정도인지 짐작하기 위해서 모기를 떠올려보자.[5] 우리 자신은 물론 우리 주위의 다른 모든 것이 그렇듯이 모기도 원자로 구성되어 있다(원자에 대해서는 제8장 참조). 원자핵은 양전하를 가지고 있고, 전자는 음전하를 가지고 있다. 서로 다른 전하電荷를 가진 입자들은 서로를 잡아당긴다. 원자가 부서지지 않는 것도 원

자핵과 전자 사이의 인력 때문이다. 이제 모기에 들어 있는 전자가 모두 없어지는 기적 같은 일이 벌어졌다고 생각해보자. 양전하를 가진 원자핵만 남게 된다. 그런데 같은 전하를 가진 입자들은 서로를 밀쳐낸다. 따라서 원자핵들은 낱낱이 흩어져서 날아가고, 결국 모기는 폭발한다. 모기가 폭발하는 에너지는 단순히 폭죽, 다이너마이트, 심지어 수소 폭탄 정도가 아니라 전 지구적으로 대량 멸종을 일으킬 수 있는 엄청난 수준일 것이다. 6,600만 년 전 지구에 충돌해서 공룡을 멸종시킨 도시 크기의 운석이 가지고 있던 에너지에 버금가는 정도라는 뜻이다!

그런 일이 일어나는 이유는 간단하다. 전기력의 세기가 중력보다 1만의 10억 배의 10억 배의 10억 배의 10억 배(10^{40}배)나 될 정도로 유별나게 더 강하기 때문이다(중력에 대해서는 제1장 참조). 놀랍게도 일상생활에서 우리는 경이로울 정도로 강한 전기의 힘을 인식하지 못한다. 모든 물질에는 같은 양의 양전하와 음전하가 들어 있기 때문이다. 전기적 반발력은 전기적 인력과 정교하게 균형을 이루어서 서로 완벽하게 상쇄된다. 그렇기 때문에 우리는 길에서 스쳐 지나가는 사람에 의해서 끌어당겨지거나 밀쳐지지 않을 뿐만 아니라, 두 사람 사이에 중력보다 1만의 10억 배의 10억 배의 10억 배의 10억 배(10^{40}배)나 더 큰 힘이 작용하고 있다는 사실을 전혀 알아채지 못하는 것이다.

만약 모기의 몸에 전하 불균형을 만들어낼 수 있다면, 모기도 전기력의 경이로운 힘을 발휘하게 될 것이다. 그것이 바로 전기가 지구를 작동시키는 비밀이다. 실제로 천둥과 번개를 동반한 뇌우에서 그런

전하 불균형이 발생한다. 번개가 치는 것도 전하의 불균형 때문이라는 뜻이다. 발전소에서 발생하는 전하 불균형이 세상을 작동시키는 전하의 흐름인 전류를 만들어낸다. 전기電氣 현상은 자기磁氣 현상과 밀접하게 관련되어 있다. 아무도 그런 사실을 짐작조차 하지 못했던 1820년에 한스 크리스티안 외르스테드가 이 사실을 발견하자, 과학계는 충격에 빠졌다. 이 덴마크의 물리학자는 학생들에게 강의하던 중에, 전류가 흐르는 전선 근처에 놓아둔 자기 나침반의 바늘이 움직인다는 사실을 주목했다. 전류가 자석처럼 행동한다는 사실을 발견한 것이다. 그는 자기 현상 자체도 철과 같은 물질의 내부에서 흐르는 전류에 의해서 나타나는 것이라는 결론을 얻었다.

세상을 전기로 작동하게 만들어준 선구자로 알려진 영국의 과학자 마이클 패러데이는 외르스테드의 발견에서 영감을 얻었다. 그는 전기와 자기에 대한 심오한 사실을 알아냈다. 2개의 자석이 가까워지면 실제로 두 자석 사이의 공간을 통해서 강력한 힘이 느껴진다. 패러데이는 그 공간에 무엇인가가 존재할 것이라고 확신했다. 그는 자석으로부터 눈에 보이지 않는 자기장이 모든 방향으로 뻗어나온다고 생각했다. 그리고 금속은 그런 장場 속에서 자기력을 느끼게 된다는 것이다. 그는 털로 문질러서 정전기가 발생한 호박amber에서도 역시 전기장이 뻗어나온다고 생각했다.*

---

* "장(場)" 개념은 20세기와 21세기 물리학의 핵심적인 성과였던 것으로 밝혀졌다.

19세기 전기의 선구자들은 도체 전선을 따라 흐르는 전류에만 관심이 있었다. 핵심은 전기장과 자기장이라는 사실을 깨달은 사람은 패러데이뿐이었다. 그리고 전자기력의 엄청난 에너지를 운반하는 역할을 하는 것이 바로 전류이다. 그런데 전류는 단순히 구리와 같은 도체로 만든 도선을 가로지르는 전기장에 의해서 형성되는 전자들의 흐름에 따른 이차적 현상이다. 도선을 배터리의 전극에 연결하면 도선 주위에 전기장이 형성되고, 도선에 들어 있는 비교적 자유롭게 움직일 수 있는 전하들이 움직이면서 전류가 흐르게 된다(전자는 1897년에서야 발견되었기 때문에 패러데이 시대의 사람들은 실제로 도선을 통해서 흘러가는 것이 무엇인지를 분명하게 알 수 없었다).

당시에도 전기장과 자기장 사이의 관계는 정확하게 설명할 수 있었다. 변화하는 전기장이 자기장을 만들어내고, 변화하는 자기장이 전기장을 만들어낸다는 것이다. 전류를 만들어내는 전하가 도선을 따라서 흘러가면 전기장도 어쩔 수 없이 함께 움직인다. 전기장이 자기장을 만들어낸다는 첫 번째 관계는 단순히 외르스테드의 발견을 다시 표현한 것이다. 그리고 자기장이 전기장을 만들어낸다는 두 번째 관계는 1831년 패러데이가 밝혀낸 전자기 유도誘導이다. 전자기 유도는 전기 세계의 주춧돌이다. 전 세계에서 가동 중인 수많은 발전소들이 도체를 통과하는 자기장을 변화시켜서 전기를 생산하고 있다. 구체적인 방식은 원자력이나 가스, 석유, 석탄을 연소시켜서 생산한 수증기를 동력으로 이용해서 도선으로 만든 발전기 코일을 자기장 속에서 회전시키는 것이다.

이렇듯 전기력과 자기력은 밀접하게 연관되어 있다. 전기력과 자기력은 전자기력에서 드러나는 서로 다른 단면일 뿐이다. 그런 사실은 1905년에 아인슈타인이 밝혀냈다. 그는 공간과 시간이 시공간space-time이라는 매끄러운 것의 서로 다른 단면이라는 사실과, 전기력과 자기력도 전자기력이라는 매끄러운 것의 서로 다른 단면이라는 사실을 증명했다(특수 상대성 이론에 대해서는 제10장 참조). 우리가 확인할 수 있는 전기장과 자기장의 상대적인 세기는 우리가 전자기력이 발생하는 곳을 얼마나 빨리 지나가는지에 따라서 결정된다.

지금 여러분이 이 글을 읽을 수 있는 것도 사실은 변화하는 전기장이 자기장을 만들어내고, 변화하는 자기장이 전기장을 만들어낸다는 사실 덕분이다. 1863년 스코틀랜드의 물리학자 제임스 클러크 맥스웰이 발견했듯이, 빛은 눈에 보이지 않는 전자기장을 통해서 퍼져나가는 전자기파이다. 연못에서 물결이 퍼져나가는 것과 마찬가지이다. 그런 파동에서는 전기장의 변화가 자기장을 만들어내고, 자기장의 변화가 전기장을 만들어내며, 전기장의 변화가 다시 자기장을 만들어내는 일이 반복된다. 전자기파는 이런 식으로 끊임없이 자기 자신을 재생시킬 수 있는 자생력을 가지고 있다.

붉은빛은 느리게 진동하는 전자기파이고, 푸른빛은 빠르게 진동하는 전자기파라는 것이 맥스웰의 발견이었다. 그런데 문제가 있었다. 맥스웰의 전자기파 이론에서는 전자기파가 얼마나 빠르게 또는 느리게 진동하는지에 대한 **제약이 없다**. 그래서 빈 공간을 통해서 푸른빛보다 더 빠르고, 붉은빛보다는 더 느리게 물결치는 파동이 존재할 수 있었다. 실제로 맥스웰은 눈에 보이지 않는 빛이 다양하게 존재한다고 주장했다. 그런 빛에는 빠르게 진동하는 감마선에서부터 느리게 진동하는 전파에 이르기까지 모든 종류의 빛이 포함된다. 전파는 1888년 독일의 물리학자 하인리히 헤르츠가 처음으로 발견했고, 1901년 이탈리아의 구글리엘모 마르코니가 유럽과 북아메리카 사이의 교신에 처음 사용했다. 전파는 말 그대로 오늘날 우리가 알고 있는 초연결의 21세기 사회를 만들었다.

맥스웰이 전기장과 자기장의 특성을 자신의 유명한 전자기 방정식으로 정리한 것은 19세기 물리학의 탁월한 성과였다. 미국의 물리학자 리처드 파인먼은 "지금으로부터 1만 년이 지난 후 인류 역사의 장기적인 시각에서 보면, 맥스웰의 전기동력학 발견이 19세기의 가장 중요한 사건으로 평가될 것"이라고 했다.

그러나 전기의 응용 분야를 평정한 것은 라디오가 아니라 전구였다. 어둠 속에서도 불을 밝혀서 일을 할 수 있도록 해준 전구가 실질적으로 인류의 생산성을 2배나 증가시켰다. 모든 가정에서 전구를 밝힐 수 있도록 먼 거리까지 전기를 보내는 문제는 세르비아 출신인 미국의 기술자 니콜라 테슬라가 해결했다.

테슬라의 미국인 경쟁자였던 토머스 에디슨은 전선을 따라 한쪽으로만 흘러가는 전류를 사용했다. 그러나 그런 "직류direct current"의 전기장은 전자를 아래쪽으로 밀어내는 과정에서 에너지를 잃어버리기 때문에 거리에 따라서 점점 더 약해지는 심각한 결함이 있었다. 따라서 발전소에서 멀리 떨어져 있는 집은 더 약한 전기장을 받게 된다.

발전소 근처에 있는 집에서보다 전구의 빛이 더 흐려진다는 뜻이다. 이 문제에 대한 에디슨의 해결책은 발전소를 고객들로부터 가능한 한 가까운 곳에 설치하는 것이었다. 1880년대의 뉴욕 시에는 1킬로미터마다 발전소를 세워야 했다는 뜻이다.

테슬라는 매우 강한 전기장을 가진 고압의 전기를 사용하면 문제를 해결할 수 있다는 사실을 깨달았다. 물론 전선을 통해서 전자를 밀어내는 과정에서 전기장의 에너지가 줄어들기는 하지만, 처음 전기장의 세기가 충분히 큰 경우에는 실질적으로 아무 문제가 되지 않는다. 영국에서 먼 거리로 전기를 보낼 때 3만5,000볼트의 전기를 사용하는 것도 그 때문이다.

문제는 전기가 집에 도달하기 전에 모든 가전제품이 사용하는 240볼트로 전압을 "낮춰야" 한다는 것이다. 직류의 경우에는 쉬운 해결책이 없다. 그러나 테슬라는 전기장의 방향이 주기적으로 변화하는 "교류alternating current"의 경우에는 전압을 낮추는 일이 어렵지 않다는 사실을 알아챘다. 영국에서는 전하가 전선의 아래쪽으로 내려갔다가 위쪽으로 올라가는 패턴을 1초에 50번 반복하는 교류를 사용한다.

테슬러가 고안한 전압 강하 방법은 간단했다. 전선을 많이 감은 코일을 통해서 전류를 흘려주면서, 그 옆에 전선을 적게 감은 코일을 놓아두는 것이었다. 첫 번째 코일에서 빠르게 진동하는 전기장에 의해서 빠르게 진동하는 자기장이 유도되고, 그것이 다시 두 번째 코일에 빠르게 진동하는 전기장을 유도한다. 두 번째 코일에 감긴 전선의 수가 더 적으면 전기장의 세기에 해당하는 전압이 첫 번째 코일보다 낮아진다. 이러한 "변압기transformer"를 통해서 송전선에 흐르는 3만5,000볼트의 전류를 가정에서 사용할 수 있는 240볼트로 낮출 수 있다.

여러분이 주의를 기울였다면 교류에서 변화하는 전기장이 변화하는 자기장을 만들어내고, 그것이 다시 변화하는 전기장을 만들어내는 것이 전자기파를 만드는 방법이라는 사실을 이해했을 것이다. 다만 이때 전도성 전선을 따라 흘러가는 것은 빛처럼 자유 공간을 지나가는 전자기파가 아니라, 전도성 전선에 의해서 내보내진 전자기파일 뿐이다. 이것을 일상적인 파동이라고 생각해서는 안 된다. 전기장이 커졌다가 줄어든 후에 다시 커지는 완전한 사이클이 반복되기까지의 거리가 대략 1만 킬로미터나 되기 때문이다. 전선의 길이보다도 훨씬 더 길다. 전선의 특정 지점에서는 전기장이 한 방향에서 반대 방향으로 바뀌면서 전하가 1초에 50번씩 위아래로 출렁거리게 된다.

테슬라의 교류 송전 기술은 분명히 에디슨의 직류 송전 기술보다 훨씬 더 복잡했지만, 최초로 전기의 장거리 송전을 가능하게 하여 현대의 세계를 만들었다. 1884년 스물여덟 살의 나이에 성공을 위해서 미국 땅을 밟은 젊은이에게는 대단한 성과였다. 어린 시절을 보냈던 세르비아에서 테슬라는 맑고 추운 날에는 정전기가 더 많이 발생한다는 특이한 현상을 관찰했고, 그런 경험이 그에게 영감을 주었다. "과거 어느 때보다 건조한 추위가 찾아왔다. 사람들이 눈 위를 걸어가면 반짝이는 발자취가 생겼고, 무엇인가에 눈덩이를 던지면 설탕덩어리를 칼로 내리칠 때처럼 불빛이 일었다. 고양이의 등을 쓰다듬으면 손에서 스파크가 발생하면서 빛이 쏟아졌다. 아버지는 그것이

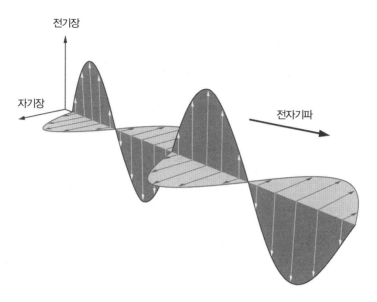

저절로 반복되는 현상 전자기파에서는 변화하는 전기장이 변화하는 자기장을 발생시키고, 그것이 다시 변화하는 전기장을 만들어내는 일이 반복된다.

폭풍이 불 때 나무에 떨어지는 번개와 똑같은 전기일 뿐이라고 했다. 어머니는 놀란 것 같았다. 어머니는 불이 붙을 수 있는 고양이와 놀지 말라고 했다. 나는 추상적으로 생각했다. 자연이 고양이일까? 그렇다면 누가 등을 쓰다듬어주고 있을까? 나는 그것이 신神일 수도 있다고 생각했다.……당시의 놀라운 광경이 어린 나의 상상력에 미친 영향은 엄청났다. 나는 언제나 전기가 무엇인지 알고 싶었지만, 그 답을 찾을 수 없었다. 그로부터 80년이 지났지만, 아직도 나는 똑같은 질문에 대한 답을 찾지 못하고 있다."[6]

장거리 송전은 상상도 하지 못했던 기술적 가능성의 문을 열어주었다. 이제 멀리 떨어진 곳까지 목소리를 전달할 수 있었고, 어둠을 물리칠 수도 있었다. 정말 많은 일들이 가능해졌다. 리처드 파인먼은 이렇게 말했다. "수많은 곳에서 셀 수 없이 많은 모터가 산업 현장의 기계와 가정을 작동시키고 있다. 모든 것이 전자기 현상에 대한 지식 덕분이다."[7]

인류는 전기를 다양한 기술에 활용했을 뿐만 아니라, 전기가 자연에서 매우 중요한 역할을 하고 있다는 사실도 깨닫기 시작했다. 이미 지적했듯이, 모든 순간에 엄청난 양의 전기력이 상쇄되며 완벽하게 균형을 이루기 때문에 그런 사실이 분명하게 드러나지 않았을 뿐이다. 그러나 적은 수의 원자로 이루어진 물질에서도 통계적으로 정확하게 같은 수의 양전하와 음전하가 존재할 가능성은 높지 않다. 따라서 미시 영역에서도 전하의 불균형이 발생할 수 있다. 또한 양전하와 음전하의 수가 같더라도 여전히 상당한 크기의 전기력이 나타날 수 있다. 한 원자의 음전하가 다른 원자의 음전하보다 양전하에 더 가까이 있을 수 있기 때문이다. 그런 경우에는 전기력은 거리가 멀어지면 약해지기 때문에 인력이 반발력보다 커지게 된다. 따라서 양전하와 음전하가 균형을 이루어서 순전하net charge가 없는 경우에도 2개의 작은 물체들이 서로를 강하게 잡아당길 수 있다.

결국 원자들은 엄청나게 강한 전기력에 완전히 지배당한다. 전기력은 원자들이 서로 달라붙게 만들기도 하지만, 원자들이 또다른 원자들과 결합하여 분자가 되도록 해주기도 한다. 화학은 원자에 들어 있는 전자들의 재배열에 관한 것이기 때문에 근본적으로 전기적인 것이다. 심지어 우리의 몸이 단단한 것도 전기력 때문이다. 우리 몸을 구성하는 분자들의 바깥쪽에 있는 전자들 사이의 반발력이 없다면, 우리는 지구 중력에 의해서 납작해지고 말았을 것이다.

일상 세계에서 전기에 의한 현상은 이것뿐만이 아니다. 1781년에 루이기 갈바니는 죽은 개구리의 다리가 움찔하는 것을 보고 전기의 존재를 알아냈다. 이처럼 전기는 그 자체로 생명을 작동시킨다. 나이에 비해 성숙했던 열아홉 살의 메리 셸리는 전기가 죽은 근육을 움직이게 해준다는 사실에서 (훗날 1818년에 발간된) 『프랑켄슈타인 *Frankenstein*』의 영감을 얻었다. 전기는 생물학도 추동한다. 우리는 전기적 존재이다. 식품에 들어 있는 전자가 우리의 세포벽을 가로지르는 전기장을 만들고, 그것이 에너지를 가진 아데노신 삼인산adenosin triphosphate(ATP)과 같은 분자를 생산한다. 궁극적으로 여러분이 이 글을 읽고, 그 내용을 장기 기억 속에 저장하는 흥미로운 일을 할 수 있는 것도 뇌의 뉴런(신경세포) 사이를 흘러 다니는 전자 덕분이다.

3

지구 온난화

이산화탄소와 같은 분자가 지표면에서 방출되는
빛을 흡수해서 열을 대기 중에 가둔다

"머지않아 지구는 금성 같은 행성으로 변할 수도 있다."
—스티븐 호킹

지구 대기 중에는 지표면에서 방출되는 열을 가둬두는 성질을 가진
몇 종류의 분자들이 있다. 지구가 차가운 얼음덩어리가 아니라 생명
이 번성하는 행성이 될 수 있었던 것은 그런 분자들 덕분이었다. 만
약 열을 가둬두는 분자들 중에서 가장 중요한 역할을 하는 수증기가
없었다면, 지구는 평균 기온이 섭씨 영하 18도인 거대한 얼음덩어리
가 되었을 것이다.

우리 주위의 대기가 햇빛에 의해서 뜨거워진다는 사실은 1856년
유니스 푸트라는 잘 알려지지 않은 미국 과학자에 의해서 처음 밝혀
졌다. 그녀는 만유인력의 법칙을 발견한 바로 그 유명한 영국 물리학
자의 먼 친척인 아이작 뉴턴 주니어의 딸 유니스 뉴턴이었다. 푸트는

긴 유리관에 산소나 수소와 같은 기체를 채우고 온도계를 설치했다. 햇빛이 비치는 곳에 유리관을 놓아두고 온도 변화를 관찰한 그녀는 여러 가지 기체들 중에서 수증기와 그녀가 "탄산carbonic acid"이라고 부르던 이산화탄소가 가장 쉽게 뜨거워진다는 사실을 발견했다.[8] 그녀는 더 나아가 대기에 들어 있는 이 두 가지 기체의 양이 변하면 기후가 달라질 수 있다고 추정했다. 온실 가스와 기후 변화 사이의 관계를 역사상 처음으로 지적한 것이었다.

아일랜드의 물리학자 존 틴들은 푸트의 결과를 알지 못했다. 그러나 3년 후 틴들도 그녀가 발견한 결과를 독자적으로 재확인했다. 그가 푸트의 연구를 한 단계 더 발전시켰다는 사실이 중요했다. 푸트는 대기 중의 기체가 직접 가시광선을 흡수해서 뜨거워지는 것인지, 아니면 햇빛에 의해서 달아오른 지구 표면에서 방출되는 눈에 보이지 않는 적외선 형태의 열에 의해서 뜨거워지는 것인지 구분하지 못했다. 그러나 틴들은 끓는 물을 넣은 ("레슬리 통Leslie cube"이라고 부르는) 구리 통을 이용해서 적외선 광원을 만들었다. 그는 수증기와 이산화탄소는 햇빛을 직접 흡수하지 못하고, 오히려 땅에서 방출되는 적외선을 흡수한다는 사실을 밝혀냈다.[9] 돌이켜보면, 공기가 햇빛에 의해서 직접적으로 뜨거워지지 않는다는 사실은 조금도 놀라운 것이 아니다. 대기가 가시광선을 흡수하지 않기 때문에 대기가 투명하게 보인다는 것이 상식이기 때문이다. 만약 대기가 가시광선을 흡수한다면, 우리가 어떻게 대기를 통해서 하늘에 떠 있는 해와 달, 그리고 다른 별들을 볼 수 있겠는가?

낮 동안에는 대기를 통과한 태양의 가시광선이 땅을 뜨겁게 달군다. 그런 후에 지열에 의해서 적외선이 방출되고, 그렇게 방출된 적외선이 대기에 들어 있는 수증기와 이산화탄소에 의해서 흡수된다. 틴들에 따르면, "대기는 햇빛의 열기가 지표면까지 들어오거나 다시 빠져나갈 수 있도록 해준다. 그 결과 행성의 표면에 열이 누적된다."* 이것이 바로 그 유명한 "온실 효과greenhouse effect"이다. 그러나 이 이름은 정확하지 않다. 온실 내부의 공기가 뜨거워지는 것은 열을 흡수하는 분자가 있기 때문이 아니라, 유리 천장이 공기의 상승(대류)과 냉각을 막아주기 때문이다.

일반적으로 적외선은 분자를 진동하도록 만드는 에너지를 가지고 있다. 그런 적외선은 주로 2-3개의 원자로 구성된 간단한 분자에 의해서 흡수된다. 간단하게 말해서, 물(H_2O)이나 이산화탄소(CO_2)와 같은 분자를 구성하는 원자들은 적외선을 흡수해서 쉽게 수축되었다가 늘어나는 스프링으로 연결되어 있다고 생각할 수 있다는 뜻이다.

대기 중에 가장 많은 분자는 질소(N_2)이다. 질소는 공기의 78.08퍼센트를 차지하고, 산소(O_2)가 나머지 20.95퍼센트를 차지한다. 따라서 당연히 그런 분자들이 온실 가스 역할을 하지 않겠느냐는 의문을 가질 수 있다.[10] 이 질문에 대한 대답은 기술적이다. 두 원자 사이의 스프링이 진동하는 과정에서 "음전하와 양전하 사이가 분리된 거리"

---

* 존 틴들은 50대 중반이던 1876년에 결혼했다. 그러나 안타깝게도 1893년 평생 사랑했던 아내가 어두운 곳에서 실수로 잘못 준 약을 먹고 사망했다.

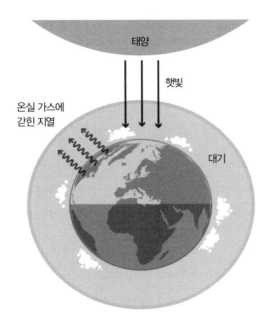

열 갇힘 햇빛에 의해서 땅이 뜨거워지고, 뜨거워진 땅에서 방출된 열기가 수증기나 이산화탄소 같은 대기에 들어 있는 온실 가스에 의해서 흡수된다.

에 의해서 결정되는 "쌍극자 모멘트dipole moment"가 변화하는 분자만 적외선을 흡수할 수 있다. 질소나 산소가 그렇지 않다는 사실은 우리에게 매우 다행스러운 일이다. 만약 그랬더라면 지구는 오븐처럼 달아올랐을 것이다!

푸트와 틴들의 발견은 놀라운 것이었다. 공기처럼 사소한 것이 열을 가둬둔다는 사실도 놀랍지만, 대기의 0.04퍼센트에 지나지 않을 정도로 적은 양의 이산화탄소가 그렇게 엄청난 효과를 낸다는 사실은 더욱 놀라웠다. 두 과학자가 모두 이산화탄소와 기후 사이에 밀접한 관계가 있을 것이라고 제안했다. 그러나 지구 역사에서 마지막 빙하기가 끝나면서 시작된 이산화탄소의 증가가 지구를 뜨겁게 달궜다는 사실을 밝혀낸 사람은 1896년 스웨덴의 화학자 스반테 아레니우스였다.[11] 석탄이나 석유와 같은 화석연료를 연소시키는 과정에서 발생하는 많은 양의 이산화탄소 때문에 지구의 대기가 뜨거워진다는 것이 그의 결론이었다. 이제는 더 이상 사용되지 않는 그의 "더운 집 효과hot-house effect"가 바로 오늘날의 지구 온난화에 해당한다. 결국 아레니우스는 인류의 활동이 기후를 변화시킬 수 있다는 사실을 밝혀낸 최초의 과학자였다.[12]

이제 우리는 그가 옳았다는 사실을 알고 있다. 하와이에 있는 마우나로아 화산의 꼭대기에서 측정한 이산화탄소의 농도는 1958년 315ppm(대기의 약 0.0315퍼센트)에서 2021년 420ppm(대기의 약 0.042퍼센트)까지 늘어났다. 아레니우스가 예측했듯이, 대기 중 이산화탄소 농도의 증가는 지구 전체의 온도 상승과 정확하게 일치했다.

과학적으로 측정한 자료가 없었던 과거 지구의 기후 변화를 알아내기 위해서는 대기 중 이산화탄소의 양과 온도에 대한 정보가 필요하다. 예를 들면 과거 이산화탄소의 농도는 목재의 나이테와 조개껍데기를 이용해서 추정할 수 있고, 온도는 빙하의 코어ice core를 분석해서 추정할 수 있다. 온도가 다른 기후에서 만들어진 눈에는 과학적으로 측정할 수 있는 차이가 나타나기 때문이다.

과학적 증거를 통해서 확인하는 현실은 냉혹하다. 지구의 온도가 산업혁명 이전보다 대략 섭씨 1.18도나 올라갔다. 화석연료의 연소에서 발생하는 이산화탄소 때문이다. 2016년과 2020년은 기상 관측 역사상 가장 더운 해였다. 그린란드와 남극 대륙의 빙하가 줄어들었고, 얼음의 거대한 강이라고 할 수 있는 전 세계의 빙하도 감소했다. 지난 수십 년 동안에 북극해에 떠 있는 해빙海氷의 면적과 두께도 빠르게 줄어들었다. 그뿐만이 아니다. 인류가 배출한 이산화탄소가 바다에 흡수되면서 만들어지는 탄산때문에 바다가 산성화되면서 산호를 비롯한 생태계에 스트레스를 주기 시작했다.

오늘날 전 세계의 국가들이 지구 대기의 온도 상승을 산업혁명 이전 대비 섭씨 2도 이내로 억제하기 위해서 노력하고 있다. 그런 목표를 달성하기 위해서는 이산화탄소 배출량을 2050년까지 80퍼센트나 감축해야 하는데, 이는 매우 어려운 일이다. 어쨌든 화석연료를 사용하지 않고도 전력 생산용 발전기의 터빈에 필요한 수증기를 발생시킬 방법을 반드시 찾아내야 한다. 햇빛으로부터 직접 전기를 생산하는 태양광 전지나, 바람이나 파도의 에너지를 활용하는 기술이 대안이 될 수 있다.

그러나 지구 온난화를 일으키는 것은 화석연료의 연소에서 배출되는 이산화탄소만이 아니다. 석회석으로 만드는 시멘트도 이산화탄소의 주요한 배출원이다. 그리고 메테인과 이산화질소와 같은 다른 온실 가스의 배출량 역시 늘어나고 있다. 이산화질소는 자동차와 트럭의 배기구에서 배출되고, 메테인은 소와 같은 가축의 소화 과정에서 발생한다.

양성 피드백 회로(입력 신호에 의해서 발생하는 출력 신호가 다시 입력 신호로 작용해서 출력 신호가 더욱 증폭되는 회로/역주)에 의해서 문제가 더욱 증폭되는 티핑 포인트tipping point(서서히 진행되거나 균형을 이루고 있던 현상이 작은 요인에 의해서 갑자기 폭발적으로 빨라지거나, 균형이 깨지면서 큰 변화가 나타나는 현상/역주)에 가까워지고 있다는 것이 걱정이다. 예를 들어 해빙이 줄어들면 햇빛이 대기로 다시 반사되면서 온난화가 더욱 심각해진다. 영구 동토층이 녹으면 이산화탄소보다 훨씬 더 강력한 온실 가스인 메테인이 방출되어 온난화가 더욱 가속화된다.

인간이 만들어낸 온실 가스에 의한 온난화가 인류 문명 자체를 위협하고 있는 것은 인류학적으로도 역설적인 일이다. 앞에서 설명했듯이 40억 년이 넘는 지구의 역사에서 온실 가스에 의한 온난화는 지구를 인간이 살 수 있는 곳으로 만들어준 가장 중요한 자연 현상이었다. 심지어 대기 중의 이산화탄소의 양이 너무 많아서 지구가 너무 더워지거나, 너무 적어서 지구가 너무 추워지지 않도록 조절해주는 자연적인 메커니즘도 존재한다. 실제로 암석과 물이 있는 곳에서는 이산화탄소가 탄산으로 변해서 석회석과 같은 탄산염이 만들어진다. 한편 지각판이 다른 지각판의 아래쪽으로 밀려 들어가면 이산화탄소가 포함된 암석도 지구의 내부로 묻히게 된다(판 구조론에 대해서는 제6장 참조). 따라서 화산에서 많은 양의 이산화탄소가 대기로 배출되면 탄소 순환 과정에 의해서 이산화탄소가 땅으로 묻히는 속도도 빨라진다. 지구는 그런 방법으로 대기에 포함된 온실 가스의 양을 조절함으로써 지구의 온도를 안정적으로 유지해왔다. 그러나 불행하게도 탄소 순환 과정은 아주 긴 기간에 걸쳐 이루어지기 때문에, 인류가 전례 없는 속도로 대기 중에 배출하는 이산화탄소를 충분히 빠르게 제거해주지 못하고 있다.

그런데 탄소 순환 과정 자체가 완전히 정상을 벗어난 사례가 역사상 적어도 세 차례나 있었다. 22억 년 전과 7억4,600만 년 전, 그리고 6억3,500만 년 전에 그런 일이 발생했다. 그때는 이산화탄소의 농도가 지나치게 줄어서 북극에서부터 남극에 이르까지 지구 전체가 얼음으로 뒤덮였다. 결국 화산 활동으로 충분한 양의 이산화탄소가 대기로 배출된 후에야 얼음이 녹고 "눈덩이 지구Snowball Earth"의 역사가 막을 내리게 되었다.

지구를 가장 가까이 있는 이웃 행성과 비교해보면 판 구조론과 탄소 순환 과정의 중요성을 더욱 분명하게 이해할 수 있게 된다. 금성은 지구와 크기가 거의 같다. 금성도 초기에는 바다와 강이 있었던 것으로 보인다. 그러나 금성은 지구보다 태양에 30퍼센트나 더 가까이에 있어서 바닷물이 모두 증발해버렸다. 대기 중으로 증발한 수증기가 태양열을 가둬서 온도가 훨씬 더 올라가게 되었고, 위험한 양성 피드백 회로가 형성되었다. 대기 상층부의 물 분자는 햇빛의 자외선 때문에 수소와 산소 원자로 쪼개져서 우주로 날아갔고, 그 과정에서 온도는 더 올라갔을 것이다. 이제는 암석에서도 이산화탄소가 방출되면서 대기의 96퍼센트가 이산화탄소로 채워졌다. 금성의 표면 온도는 납이 녹을 정도로 뜨거워졌고, 표면의 압력도 높아졌다. 금성의 대기 압력은 지구의 해저 1킬로미터 깊이에 해당할 정도이다.

금성의 대기에 들어 있는 이산화탄소의 양이 지구의 암석 전체에

같혀 있는 양과 같다는 사실을 고려하면, 금성의 고삐 풀린 온실 효과는 심각한 경고라고 할 수 있다. 미국의 행성 과학자 칼 세이건은 이렇게 말했다. "고삐 풀린 온실 효과의 가능성은 우리가 온실 가스를 반드시 경계해야 한다는 뜻이다. 지구 온도가 1도나 2도만 올라가도 재앙적인 결과가 발생할 수 있다."[13]

오랫동안 과학자들의 수수께끼였던 "희미한 태양의 역설faint sun paradox"도 온실 효과와 관련된 신비스러운 현상이다. 태양의 모형에 따르면, 현재의 태양은 지구가 탄생했을 때보다 밝기가 30퍼센트나 줄어들었다. 그렇다면 원칙적으로 지구는 단단한 얼음덩어리로 얼어붙었어야 한다. 그러나 지구에 지금까지 남아 있는 가장 오래된 암석인 지르콘zircon에서 확인된 증거에 따르면, 44억 년 전에도 지구 표면에는 액체 상태의 물이 있었다. 이 같은 사실에 대한 가장 적절한 설명은 원시 지구의 대기가 화산 활동으로 뿜어져 나온 이산화탄소로 가득 차 있었다는 것이다. 현재처럼 0.04퍼센트가 아니라 무려 70퍼센트나 되었을 것으로 추정된다. 그러나 이것만으로는 원시 지구의 상태를 충분히 설명할 수 없다.

2021년 독일 괴팅겐에 있는 막스 플랑크 태양계 연구소의 르네 헬러와 그녀의 동료들은 지구가 탄생한 직후에 대략 화성과 같은 질량을 가진 천체가 지구에 충돌하면서 달이 만들어졌다는 사실에 주목했다. 처음에는 달이 지금보다 지구에서 15배나 더 가까운 곳에 있었다. 그래서 용암이나 다른 액체로 채워진 바다에서 2킬로미터 높이의 조석潮汐 현상을 일으켰다. 조석 현상은 다른 천체의 중력에 의해서 천체의 표면이 높아지거나 낮아져서 발생한다. 중력에 대한 설명에서 소개했듯이, 목성의 위성 이오가 태양계에서 화산 활동이 가장 활발한 천체가 된 것도 바로 그런 효과 때문이다. 원시 지구에서도 비슷한 조석 현상에 의한 가열 현상이 온실의 온난화를 심화시켜서 행성이 얼어붙지 않도록 해주었다고 추정할 수 있다.[14]

초기의 지구는 온실의 온난화 덕분에 꽁꽁 얼어붙지 않았지만, 화성의 경우에는 희미한 태양의 역설이 훨씬 더 심각한 문제였다. 화성의 표면에도 한때는 물이 흘렀다. 처음 5억 년 동안에는 화성에도 강과 바다가 있었다는 증거는 많이 확인되었다. 문제는 화성이 지구보다 태양으로부터 50퍼센트나 더 멀리 있어서 태양에서 도달하는 열이 지구의 절반에 불과하다는 것이다. 그런 화성이 꽁꽁 얼어붙어야 하는 운명에서 어떻게 벗어났는지에 대해서는 지금까지 아무도 답을 찾지 못하고 있다.

4

태양이 뜨거운 이유

태양에는 많은 물질이 있다

"태양은 그리스보다 조금 더 큰,
불타는 화광석(火光石) 덩어리이다."
— 아낙사고라스, 기원전 434년

태양이 뜨거운 것은 태양에 존재하는 물질의 양이 많다는 매우 단순
한 이유 때문이다. 태양 내부의 깊숙한 곳에 있는 물질은 태양의 다른
모든 물질이 내리누르는 무게에 의해서 짓눌리고 있다. 태양이 뜨거운
이유는 공기를 압축하는 자전거 펌프가 뜨거워지는 것과 마찬가지이
다. 태양 중심부의 온도는 대략 섭씨 1,500만 도 정도이다. 이 정도로
엄청나게 높은 온도에서는 모든 종류의 물질이 플라스마plasma(높은 온
도에서 원자가 이온화되어, 전하를 가진 원자핵과 전자로 존재하는 기체와 같
은 상태/역주)라는 특색이 없는 상태가 되고 만다. 태양은 대략 10억
톤의 10억 배의 10억 배(10^{27}톤)에 해당하는 수소와 헬륨 기체로 이루
어져 있다. 10^{27}톤의 삶은 콩이나 10^{27}톤의 TV 세트를 한곳에 모아두

어도 태양처럼 1,500만 도로 뜨거워질 것이다.

태양의 온도는 오직 질량에 의해서 결정된다. 그래서 궁극적인 동력원에 대한 아무런 지식이 없더라도 태양의 내부 구조를 이해하는데에서 놀라운 발전을 이룩할 수 있었다.[15] 1920년 영국의 천체물리학자 아서 에딩턴이 정확하게 그런 일을 했다. 그는 태양을 더 이상 부풀지도 않고, 수축하지도 않는 거대한 기체 덩어리로 보았다. 중력에 의해서 안쪽으로 작용하는 힘과 뜨거운 기체에 의해서 바깥쪽으로 작용하는 힘이 내부의 모든 지점에서 완벽하게 균형을 이루고 있는 것이 분명하다고 생각했던 것이다. 그는 태양 내부의 성질이 어떻게 변화하는지를 예측할 수 있었다. 그는 실질적으로 태양의 내부를 "들여다볼" 수 있었던 셈이다.[16]

그러나 태양의 질량은 단순히 태양이 바로 이 순간에 뜨거운 이유를 설명해줄 뿐이다. 태양은 우주로 열을 연속적으로 방출한다. 그런데도 태양이 식는 것을 느끼지 못하는 이유는 태양에는 분명히 잃어버리는 만큼의 열을 정확하게 보충해주는 무엇인가가 존재한다는 뜻이다. 바로 이 점이 과학자들을 혼란스럽게 만들었다. 천왕성을 발견한 윌리엄 허셜의 아들인 존 허셜은 이렇게 말했다. "놀라운 가장 큰 수수께끼는……태양과 같은 거대한 불덩어리가 어떻게 꺼지지 않고 계속해서 탈 수 있는가 하는 것이다. 이 문제에 관한 한 화학의 모든 발견은 아무 쓸모가 없을 뿐만 아니라, 오히려 가능한 설명을 찾아내는 일을 더욱 어렵게 만드는 것처럼 보인다."

증기 엔진을 사용하던 19세기의 물리학자들에게 태양이 거대한 석탄 덩어리일 것이라는 생각은 놀라운 것이 아니었다. 물론 석탄의 연소에 필요한 산소는 어디에 있는가에 대해서는 아무도 짐작조차 할 수 없었다! 그러나 그들의 계산에 따르면, 석탄으로 작동하는 태양은 기껏해야 5,000년 정도 탈 수 있었다. 당시에도 지구가 그보다 훨씬 더 오래되었다는 지질학적, 생물학적 근거는 충분히 알려져 있었다. 그리고 행성의 탄생 과정에서 남은 폐기물인 운석의 연대 측정을 통해서 오늘날 우리는 지구의 나이가 대략 45억5,000만 년이나 된다는 사실을 암묵적으로 알고 있다. 지구의 역사는 태양이 석탄 덩어리일 때보다 대략 100만 배는 더 오래된 셈이다. 다시 말해서, 태양이 무엇으로 작동하는지에 상관없이 그 에너지원은 석탄보다 100만 배 이상 더 농축되어 있다는 뜻이다. 그것이 바로 핵 에너지라는 사실이 밝혀진 것은 20세기 초였다.

오늘날 우리는 태양이 세상에서 가장 가벼운 원소인 수소의 중심에 있는 핵을 두 번째로 가벼운 원소인 헬륨의 핵으로 융합시키는 과정에서 나오는 에너지로 작동한다는 사실을 알고 있다. 이 핵융합 반응에서 발생하는 부산물이 햇빛이다. 수소의 원자핵은 1개의 양성자로, 헬륨의 원자핵은 2개의 양성자와 2개의 중성자neutron로 구성되어 있다. 결과적으로 수소를 헬륨으로 융합시키기 위해서는 어쩔 수 없이 여러 단계의 과정을 거쳐야 한다. 첫 단계에서는 2개의 양성자가 충돌해서 서로 달라붙는다. 그러나 2개의 양성자로 구성된 핵은 불안정하기 때문에 그런 일은 두 양성자 중 하나가 중성자로 변환되어야 가능하다. 자연의 "약한" 핵력nuclear force(크기가 10^{-15}미터로 매우 작은 원자핵을 구성하는 양성자와 중성자 사이에서만 작용하는 힘으로 "약력[weak force]"과 "강력[strong force]"이 있다. 약력은 쿼크를 비롯한 기본 입자들 사이에서만 작용하는 핵력으로, 전자기력의 10^{-12}배 정도로 약하다. 약한 상호작용[weak interaction]이라고 부르기도 한다/역주)만이 그렇게 극적인 변환을 일으킬 수 있다. 그 힘을 약력이라고 부르는 데에는 분명한 이유가 있다.[17] 양자의 세계에서 약하다는 것은 흔하지 않다는 것과 같은 말이다(표준모형에 대해서는 제15장 참조). 사실 태양에서 2개의 양성자가 충돌하는 과정에서 양성자 1개가 약력에 의해서 중성자로 바뀌는 일은 아주 드물게 일어난다. 양성자가 다른 양성자와 충돌해서 일어나는 융합은 평균적으로 100억 년에 1번 정도 일어난다(그러므로 50억 년 된 태양은 연료의 절반 정도를 사용한 셈이다).

태양에서 열이 발생하는 과정은 매우 비효율적이다. 수소가 헬륨으로 융합되는 첫 단계가 믿을 수 없을 정도로 어려운 일이기 때문이다. 태양에서의 발열 과정이 얼마나 비효율적인지를 짐작하려면, 여러분의 위胃와 크기와 모양이 같은 덩어리가 태양의 중심에 있다고 생각해보자. 여러분의 위가 열을 발생시키는 속도가 훨씬 더 빠르다! 태양은 그렇게 비효율적으로 열을 발생시키는데도 불구하고 뜨거운 상태를 유지한다. 태양의 크기가 여러분의 위와 비슷한 정도가 아니라, 사실은 여러분의 위보다 1,000조 배나 더 크기 때문이다.

약력은 수소를 헬륨으로 융합시키는 첫 번째 단계를 극적으로 지연시켜서, 태양의 내부에 있는 수소가 헬륨으로 변환되기까지 대략 100억 년이라는 긴 시간이 걸리도록 해준다. 그 덕분에 우리와 같은 복잡한 생명은 지구에서 진화할 수 있는 충분한 시간을 가지게 되었다. 우리에게는 매우 다행스러운 일이다.

실제로 20세기 초까지도 태양이 핵반응을 일으킬 정도로 뜨겁다고 생각하는 사람은 없었다. 양전하를 가지고 있는 양성자들은 서로 강하게 반발한다. 그런 양성자들이 반발력을 이겨내고 충분히 가까이 다가가서 핵력에 의한 융합이 가능해지려면 양성자들이 극단적으로 빨리 움직여야 한다. 온도가 극단적으로 높아야 한다는 뜻이다. 당시의 계산에 따르면, 핵반응에 필요한 온도는 섭씨 100억 도로 추정되었다. 에딩턴이 추정했던 태양 중심부의 온도인 섭씨 1,500만 도보다 대략 1,000배나 더 높은 온도이다.

태양에서 뜨거운 햇빛을 만들어내는 핵반응이 어떻게 예상보다 1,000배나 낮은 온도에서 일어날 수 있는지에 대한 설명은 양자 이론에서 찾을 수 있다. 특히 모든 기본 입자와 마찬가지로 양성자도 파동처럼 행동한다는 사실이 중요하다(양자 이론에 대해서는 제7장 참조). 양성자 주위에 높은 벽이 있다고 상상하면 양성자의 반발 효과를 설명할 수 있다. 일반적으로 양성자의 에너지는 높은 벽을 넘어가기에는 턱없이 부족하다. 높이뛰기 선수가 5미터 높이의 막대 앞에 서 있는 것과 같은 상황이다. 그러나 양성자와 관련된 양자 파동이 그런 문제를 해결해준다. 근본적으로 넓게 퍼져 있는 특성을 가진 양자 파동은 벽을 **뚫고** 지나가야 하는 영역까지 파고 들어간다. 그래서 확률이 낮기는 하지만 양성자가 자발적으로 벽의 반대편 영역으로 이동할 수 있다.

태양의 온도가 핵반응이 일어나는 온도보다 1,000배나 낮은 것은 분명하지만, 양자 터널링quantum tunneling이라고 알려진 효과 덕분에 양성자들은 서로 융합할 수 있을 정도로 가까이 다가갈 수 있게 된다. 웨일스의 물리학자 로버트 앳킨슨과 독일의 프리츠 호우터만스가 1929년에 이 사실을 처음 밝혀냈다. 호우터만스는 이렇게 썼다. "우리가 논문을 완성한 날 저녁에 나는 한 아름다운 여성과 산책을 했다. 어둠이 내리자 찬란하게 빛나는 별들이 하나씩 나타났다. 감동한 그녀는 빛나는 별들이 아름답다고 했다. 나는 가슴을 내밀고 당당하게 '나는 어제부터 별들이 빛나는 이유를 알고 있었답니다'라고 말했다." 호우터만스의 발언은 성공적이었다. 그는 2년 후에 샬럿 리펜슈탈과 결혼했다. 사실 그는 그녀와 두 번의 결혼식을 했다. 전쟁으로 어쩔 수 없이 헤어졌던 그들은 1953년에 다시 결혼식을 올렸다.

태양이 열을 내는 속도는 태양이 우주 공간으로 열을 방출하는 속도와 정확하게 일치한다. 태양에 온도 조절 장치가 있다는 뜻이다. 실제로도 그렇다. 너무 많은 열이 생성되면 태양을 구성하는 기체가 팽창하면서 온도가 떨어지고, 핵반응의 속도가 느려진다. 반대로 열이 너무 적게 생성되면 기체가 수축하면서 뜨거워져서, 핵반응이 더 빨라진다.

융합 반응이 헬륨 이상의 원소로 계속될 수도 있다. 핵융합에 의한 원소 생성의 다음 단계에서는 2개의 헬륨 원자핵이 융합해서 베릴륨-8이 만들어진다. 그러나 베릴륨의 원자핵은 불안정하다. 그래서 원소 생성의 다음 단계는 3개의 헬륨 원자핵이 동시에 융합되어 탄소−12가 만들어지는 희귀한 과정이 된다. 헬륨 원자핵을 알파 입자alpha particle라고도 부르기 때문에, 이는 3중 알파 과정triple-alpha process이라고 알려져 있다. 이 과정은 온도가 약 1억 도가 넘어야 일어날 수 있다. 3중 알파 과정은 태양보다 훨씬 무거운 별에서만 가능하다는 뜻이다.

가장 무거운 별에서 일어나는 원소 생성 핵반응에서는 50개 이상의 양성자와 중성자로 구성된 핵을 가진 철까지의 원소가 만들어질 수 있다. 그렇게 되면, 더 이상 열이 발생하지 않게 된다. 결국 별의 중심이 흡혈귀처럼 열을 빨아들여서 걷잡을 수 없는 수축이 진행되고, 결국에는 초신성과 같은 재앙적인 폭발이 일어난다.

별은 원소의 생성을 이해하는 열쇠이다. 별빛은 원소 생성의 부산물이기 때문에 원소 생성은 반짝이는 별을 이해하는 열쇠이다. 별의 중심부에서는 물질의 밀도가 매우 높기 때문에 빛이 중심부에서 바깥으로 빠져나오는 일이 쉽지 않다. 원자에서 분리된 자유 전자들이 빛의 진행을 가로막기 때문이다(사실 플라스마는 음전하를 가진 전자와 전자가 떨어져 나가고 양전하가 남은 양이온으로 구성된 전하를 가진 기체이다). 일반적으로 태양에서 방출되는 광자photon는 1센티미터도 나아가지 못하고 전자에 부딪혀서 휘게 된다. 그래서 태양을 빠져나가는 광자의 경로는 술 취한 사람의 걸음걸이처럼 구불구불하다. 만약 광자가 태양의 표면까지 직선을 따라서 간다면 고작 2초 정도가 걸릴 것이다. 그러나 실제로 광자는 길고 복잡한 경로로 진행하기 때문에 태양을 벗어나기까지 대략 3만 년이 걸린다. 그래서 현재의 햇빛은 지구에서 마지막 빙하기가 절정에 달했던 때에 탄생한 것이다! 또한 광자들이 태양을 빠져나오는 과정에서 온도가 점점 더 낮아지기 때문에 에너지를 잃기도 한다. 우리가 눈으로 볼 수 있는 가시광선의 광자들은 사실 처음에 높은 에너지를 가진 X-선을 이루던 광자였다.

기체 덩어리인 태양에는 고체의 표면이 존재하지 않는다. 그러나 천문학자들은 태양의 내부에서 느리게 빠져나온 광자들이 우주 공간으로 거침없이 날아가기 시작하는 곳을 태양의 "표면"이라고 부른다. 3만 년의 방황 끝에 광구光球, photosphere에 도달한 광자가 지구에 도달하기까지는 고작 8분 30초가 걸릴 뿐이다.

태양이 뜨거운 기체 덩어리라는 사실은 자명하다. 그러나 단순히 뜨거운 기체 덩어리이기만 하다면 태양이 그렇게 흥미로울 이유가 없다. 예측이 가능한 따분한 기체 덩어리인 태양을 예측이 불가능하고, 펄펄 끓고, 폭발적이고, 무한히 놀라운 극한의 물리학 실험실로 만들어주는 것이 바로 자성磁性이다.

자기장은 움직이는 전하에 의해서 만들어진다. 일상적인 막대 자석의 경우에는 원자의 내부에 있는 전자들이 움직이고, 원자핵은 정지한 상태로 존재한다. 그러나 태양은 평범한 기체가 아니라 플라스마이다. 태양의 플라스마에서는 자기장을 형성하는 전하의 역할을 하는 전자들이 자유롭게 움직인다. 그런 움직임이 자기장을 변화시키고, 자기장은 다시 전하의 움직임에 영향을 미치고, 그것이 다시 자기장을 변화시키는 일이 반복된다. 뜨거운 플라스마와 자기장 사이의 복잡한 상호작용 때문에, 태양 흑점susnpot의 자기장 소용돌이에서부터 태양 폭풍solar flare의 거대한 폭발에 이르기까지 수많은 태양의 자기 현상들이 발생한다.

실제로 한 가지 문제가 더 있다. 태양은 단단한 물체가 아니기 때문에 태양의 외부가 회전하는 속도는 내부가 회전하는 속도와 다르다. 심지어는 회전 속도가 위도에 따라서도 다르다. 결과적으로 태양에서의 자기장은 연속적으로 비틀거리고, 뒤틀린다. 이 과정에서 태양에는 비틀린 고무줄처럼 에너지가 저장된다.

태양의 표면에서 자기장의 고리가 끊어지면 흑점이 나타난다. 태양의 한 점에서 바깥으로 나온 자기장의 고리는 다른 곳을 통해서 들어가기 때문에 흑점은 거의 언제나 쌍으로 나타난다. 지나치게 비틀어져서 끊어진 자기장이 후에 다른 자기장과 "재연결되는" 곳에서는 방출된 에너지가 수백만 도의 플라스마를 태양으로부터 수만 킬로미터 높이까지 뿜어내는 태양 폭풍이 발생한다. 심지어 태양으로부터 시속 100만 마일의 허리케인에 해당하는 태양풍이 태양계의 바깥까지 자기장을 쏟아내기도 한다. 어떤 의미에서 지구는 태양의 대기 속에서 공전하고 있는 셈이다. 사실 태양의 대기는 태양계의 가장 바깥에 있는 행성 너머까지 계속되고, 태양 대기의 끝자락에 도달한 태양풍은 제설차가 쌓인 눈 더미에 부딪치듯이 성간 물질interstellar medium과 충돌하게 된다. 1977년에 발사된 NASA의 보이저 1호 탐사선이 2012년 8월 25일에 은하수에서 방출된 고高에너지 입자인 우주선cosmic ray의 급격한 증가를 직접 관측했다. 인간이 만든 탐사선이 처음으로 태양의 대기를 벗어나서 성간 공간interstellar space을 경험하게 된 것이었다.

태양을 이해하기 위한 노력은 단순한 학술 활동이 아니다. 우리가 지구상에서 생존하기 위해서는 우리에게 가장 가까운 별에 의해서 발생하는 "우주의 날씨"를 이해해야 한다. 태양을 닮은 다른 별에 대한 연구에 따르면, 매우 드문 일이기는 해도 별이 지구와 같은 행성을 완전히 익혀버릴 정도의 거대한 폭풍을 일으키기도 한다. 더욱 심각한 문제는 코로나 질량 분출coronal mass ejection(CME)이다. 사실 CME는 코로나 자기장 폭발이라고 부르는 것이 더 정확하다. 1970년대에 처음 알려진 CME는 엄청난 양의 태양 플라스마와 자기장이 우주 공간으로 미사일처럼 분출되는 현상이다. 대략 에베레스트 산과 같은 정도의 거대한 물체가 여객기보다 500배나 빠른 속도로 우주 공간으로 날아가는 모습을 상상해보라.

지금까지 태양에서 기록된 가장 격렬한 현상이었던 1859년 9월 1일의 캐링턴 사건도 CME였다. 영국의 천문학자 리처드 캐링턴은 런던의 남쪽에서 태양의 폭풍을 관찰했고, 같은 시각에 큐 정원의 자력계도 크게 흔들렸다. 캐링턴 사건은 태양에 대한 우리의 생각을 완전히 바꿔놓았다. 1859년 9월 1일 이전에는 우리의 별인 태양이 중력과 햇빛의 가열 효과를 통해서만 우리에게 영향을 미친다고 생각했다. 그러나 이 사건 이후에는 태양 표면의 격렬한 폭발이 우리 행성을 향해 자기장 미사일을 발사해서 재앙적인 결과가 발생할 수도 있다는 사실을 알게 되었다. 캐링턴 사건이 일어나는 동안 전 세계의 여러 전신 기사들이 감전되었고, 저위도 지역에서도 한밤중에 신문을 읽을 수 있을 정도로 밝게 빛나는 북극광aurora borealis이 나타났다.

1859년에는 CME를 관찰하는 기술이 엉성했고, 당시에 우리는 세계적으로 심각한 피해를 걱정해야 할 정도로 기술에 의존하지는 않았다. 그러나 이제는 사정이 전혀 달라졌다. 전기 송전망 부근의 자기장이 변화하면 장비를 녹여버릴 정도로 많은 양의 전류가 유도될 수 있다. 1859년에 전신 기사가 전기에 감전되고, 1989년 3월 13일 캐나다의 퀘벡에서 대규모 정전이 발생한 것 모두가 이런 전자기 유도 때문이었다(전기에 대해서는 제2장 참조). 그러나 오늘날 정말 걱정스러운 것은 지구를 둘러싸고 있는, 우리의 생활에 필수적인 수많은 인공위성들이다. 통신 위성, 기상 위성, (우리의 위치를 알 수 있도록 해줄 뿐만 아니라 세계적인 금융 거래에도 핵심적인 역할을 하는) 전 지구적 위치 측정 위성(GPS)들이 모두 위험해질 수 있다. 몇몇 부유한 나라들은 CME에 대비한 사회 기반 시설에 투자를 해왔다. 우리에게 생명을 준 태양이 우주적으로 눈 깜짝할 사이에 이 세계를 전기 이전의 시대로 무너뜨릴 수 있다는 사실은 매우 놀랍다.

5

열역학 제2법칙

사물을 정돈하는 방법보다 무질서하게 만드는 방법이 훨씬 더
많아서, 확률이 모두 같다면 질서는 점진적으로 무질서로 변한다

"고양이를 가방에서 '꺼내는 일'이 다시 가방에
'넣는 일'보다 훨씬 쉽다."
—윌 로저스

열역학 제2법칙은 성城이 무너지기는 하지만 무너진 성이 다시 세워
지지는 않고, 달걀이 깨지기는 하지만 깨진 달걀이 다시 붙지는 않으
며, 사람은 늙기는 하지만 늙은 사람이 다시 젊어지지는 않는 이유를
설명해준다. 이런 일이 일어나는 이유는 너무나도 확실해서 따로 설
명이 필요한 이유를 의심할 수도 있다. 그러나 물리학자에게는 그런
이유가 분명하지 않은 것처럼 보였다. 사실 19세기 말까지도 사람들
은 그 이유를 도무지 이해할 수 없었다.

세상을 설명하는 물리학의 기본 법칙에서는 정방향과 역방향으로
작동하는 과정이 모두 허용되는 것이 오히려 수수께끼이다. 중력의

법칙을 생각해보자. 지구 둘레를 도는 인공위성의 동영상을 보는 여러분이 똑같은 비디오를 거꾸로 돌린다면 어느 것이 실재實在인지를 어떻게 알 수 있을까? 중력 법칙에 따르면 인공위성이 한 방향이나 반대 방향으로 도는 것이 모두 허용된다. 두 방향의 회전이 모두 똑같이 가능한 것이다. 반대로 꽃병이 여러 조각으로 깨지는 영상과 깨진 꽃병 조각들이 튀어 올라서 다시 완벽한 꽃병으로 변하는 영상을 보는 경우를 생각해보자. 전자가 실재이고, 후자는 그렇지 않다는 것을 누구나 분명하게 알 수 있다. 꽃병의 조각들이 자발적으로 모여들어 다시 꽃병으로 변하는 모습을 실제로 본 사람은 아무도 없다. 그런데 왜 그래야만 할까? 꽃병이 원자로 구성되어 있고, 원자의 움직임을 지배하는 법칙은 인공위성의 움직임을 지배하는 법칙과 마찬가지로 시간 대칭적time-symmetric이라는 사실을 고려하면 도무지 석연치 않은 일이다.

분명히 꽃병을 구성하는 원자의 규모와 꽃병의 규모 사이에서 무슨 일이 일어나고, 바로 그 무엇이 시간에 한쪽으로의 방향성, 즉 시간의 화살(시간이 과거에서 미래로만 흐르고, 미래에서 과거로 흐르지 못한다는 사실에 대한 은유적 표현/역주)을 강요하는 것이 분명하다. 다행히도 무슨 일이 일어나고 있는지를 알아내기 위해서 반드시 원자의 규모까지 내려가야 하는 것은 아니다. 깨진 꽃병을 다시 생각해보자. 꽃병이 1개의 큰 조각과 10개의 작은 조각들로 깨졌을 수 있다. 2개의 큰 조각과 5개의 작은 조각들로 깨졌을 수도 있다. 또는 100개의 작은 조각들로 깨졌을 수도 있다. 사실 꽃병이 깨지는 방법의 수는 엄청나게 많다. 이제 온전한 꽃병을 생각해보자. 꽃병이 온전한 상태로 있는 방법은 오로지 한 가지뿐이다. 따라서 모든 경우의 수가 똑같이 가능하다면, 꽃병이 온전한 상태에 있다가 깨지는 확률이 압도적으로 높을 것이다. 꽃병이 깨지는 방법이 훨씬 더 **많**다는 단순한 이유 때문이다.

처음부터 설명했듯이, 성이 무너지고, 달걀이 깨지고, 사람이 늙는 모든 것에는 한 가지 공통점이 있다. 질서의 상태가 무질서의 상태로 변한다는 것이다. 따라서 그런 일이 일어나는 이유도 정돈된 상태보다 무질서한 상태로 존재하는 방법이 압도적으로 더 많기 때문이다. 무질서는 언제나 증가한다. 또는 적어도 무질서는 절대 감소하지 않는다. 바로 이것이다. 이것이 바로 열역학 제2법칙이다. 물리학자이자 소설가인 C. P. 스노는 "열역학 제2법칙을 알지 못하는 것은 셰익스피어의 소설을 한 번도 읽지 않은 것과 마찬가지"라고 했다.[18]

실제로 물리학자는 무질서를 나타내는 전문적인 용어를 사용한다. 물리학자는 그것을 엔트로피entropy라고 부른다. 엔트로피는 온전한 꽃병과 같은 거시적인 상태에 상응하는 미시적인 방법의 수를 합친 것이다. 꽃병의 경우에 미시적 방법의 수는 꽃병이 깨지는 방법의 수이다. 그래서 기술적으로 열역학 제2법칙은 "엔트로피는 절대 감소하지 않는다"라고 표현할 수 있다. 원자가 존재한다고 믿었다는 이유로 당했던 조롱 때문에 안타깝게도 1906년에 스스로 생을 마감한 19세기 오스트리아의 물리학자 루트비히 볼츠만의 묘비에는 가장 엄밀한 수학적 형식으로 나타낸 열역학 법칙이 새겨져 있다.

열역학 제2법칙은 물리학에서 너무나도 중요하고 핵심적이기 때문에 제2법칙과 맞지 않는 이론은 어떤 것이라도 화를 당하게 된다. 영국의 물리학자 아서 에딩턴에 따르면 "나는 엔트로피가 언제나 증가한다는 법칙이 자연 법칙 중에서 최고의 지위를 차지한다고 생각한다. 여러분의 이론이 열역학 제2법칙과 어긋나는 것으로 밝혀지면, 나는 여러분에게 희망적인 말을 해줄 수 없다. 그런 이론은 가장 수치스러운 방식으로 무너질 수밖에 없기 때문이다."[19]

열역학 제2법칙은 물리학의 다른 법칙들과는 근본적으로 다른 특징을 가지고 있다. 그것은 어떤 경우에도 절대로 어긋날 수 없는 철칙이 아니라, **대부분의 경우**에 성립하는 법칙이다. 그러나 "대부분의 경우"는 "언제나"에 놀라울 정도로 가까운 것이어서 에딩턴의 주장이 틀리지는 않다. 사실 깨진 꽃병의 조각이 튀어 올라서 자발적으로 온전한 꽃병으로 변하는 일이 불가능하지는 않다. 다만 그런 일이 일어날 가능성이 압도적으로 낮을 뿐이다. 그런 일이 일어날 수 있다는 사실을 확인하려면, 여러분은 아마도 지금 우주 나이의 몇 배에 해당하는 시간 동안 인내심을 가지고 기다려야 할 것이다.

그러나 무질서가 언제나 증가한다면, 어떻게 우리가 질서 있는 세상에 사는 것처럼 보일까? 특히 생명은 엔트로피가 끊임없이 증가해야 한다는 대세를 거스르고 있다. 우리 주변에는 어디에나 박테리아, 나무, 인간처럼 고도로 조직화된 체계가 존재한다. 생물학은 어떻게 그런 일을 가능하게 만들었을까? 제2법칙은 단지 **전체** 엔트로피는 반드시 증가한다고 말할 뿐이라는 것이 그 답이다. 제2법칙은 국소적인 영역에서 엔트로피가 감소할 가능성을 배제하지 않는다.

먼저 19세기의 물리학자가 처음 알아냈던 사실을 이해해야 한다. 옥스퍼드 대학교의 피터 앳킨스는 "음식을 소화시키는 일에서부터 예술적인 창작에 이르기까지 모든 우리 행동의 본질에는 증기기관의 핵심적인 작동 원리가 담겨 있다"라고 했다.[20] 증기기관에서는 높은 온도의 수증기가 용기 속에서 움직이는 벽에 해당하는 피스톤을 밀어내는 "일"을 한 후에 낮은 온도의 물로 변한다.

증기기관의 구체적인 작동 원리는 다음과 같다. 열은 단순히 미시 세계에서의 무작위적 운동이고, 온도는 관련된 분자의 평균 운동 에너지를 나타내는 척도이다. 온도가 높은 수증기에서는 물 기체의 분자들이 격렬하게 날아다닌다. 분자들이 피스톤을 두드리고, 수없이 많은 충돌의 효과가 합쳐져서 피스톤을 밀어낸다(그런데 모든 물 분자가 피스톤과 같은 방향으로 날아가지는 않을 것이기 때문에 증기기관이 100퍼센트 효율적일 수는 없다. 다시 말해서, 수증기의 열 에너지를 모두 피스톤의 움직임으로 전환시키는 것은 불가능하다는 뜻이다). 수증기 분자는 피스톤을 움직이게 만드는 과정에서 에너지를 빼앗기고, 따라서 수증기는 온도가 떨어져서 차가워진다. 남은 수증기는 외부로 배출되기 때문에 결과적으로 주변 공기의 온도도 내려가게 된다.

온도가 T인 기체 상태의 분자에 Q만큼의 열을 가하면 엔트로피가 Q/T만큼 증가한다. 이 이야기가 어려워 보일 수도 있지만 사실은 직관적으로 이해할 수 있는 내용이다. 낮은 온도의 기체에 열을 더해주

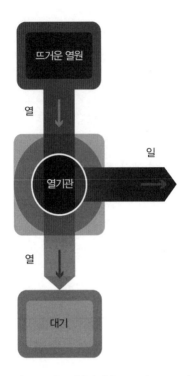

뜨거운 열원

열

일

열기관

열

대기

우주적 증기기관 우주의 모든 활동에서의 일은 궁극적으로 뜨거운 별과 차가운 공간
사이의 온도 차이에 의해서 발생한다.

는 것은 조용한 도서관에서 재채기를 하는 것과 같다. 재채기가 도서
관의 분위기에 상당한 영향을 끼친다는 점이 엔트로피가 크게 증가
하는 것과 유사하다.

증기기관으로 돌아가보자. 피스톤이 밀려나면 온도가 높은 수증
기의 열이 감소한다. 수증기의 엔트로피 감소량은 크지 않다. 그리고
똑같은 양의 열이 온도가 낮은 주위로 방출된다. 증기기관 주위의 엔
트로피 증가량은 상대적으로 크다. 결과적으로 국소적인 엔트로피

감소에 대한 대가로 주변 우주의 엔트로피는 더 많이 증가하게 된다. 지구의 생태계는 질서의 섬이지만 그 주위는 그에 대한 혹독한 대가를 치르고 있다. 간단히 말해서 생명체의 질서가 무질서를 우주로 발산하고 있다는 것이다.

궁극적으로 우주는 하나의 거대한 증기기관이고, 뜨거운 별과 차가운 진공 상태의 우주 공간 사이의 온도 차이가 지구만이 아니라 우주 전체에서 일어나는 모든 활동을 가능하게 만든다. 실제로 지구는 정확하게 태양으로부터 흡수한 만큼의 에너지를 우주 공간으로 내보낸다. 그렇지 않으면 지구는 점점 더 뜨거워졌을 것이다.* 햇빛의 광자는 절대온도 0도보다 대략 6,000도나 더 높은 온도(태양 표면의 온도)로 지구에 도달하고, 지구는 절대온도 0도보다 대략 300도 높은 온도의 광자를 방출한다.[21] 광자의 에너지는 온도에 비례한다. 결국 지구는 태양으로 받는 광자 1개당 6,000/300개, 즉 20개의 광자를 방출한다는 뜻이다. 같은 양의 에너지를 광자 20개에 나누어 가지고 있는 상태가 광자 1개에 가지고 있는 상태보다 더 무질서하다는 사실은 직관적으로 알 수 있다. 이것이 지구의 모든 변화가 발생시킨 일이 우주의 엔트로피를 얼마나 증가시키는지를 정량적으로 보여준다.

지구는 정확하게 태양으로부터 흡수하는 양만큼의 에너지를 우주로 방출한다. 따라서 지구에서 일어나는 모든 일의 동력 역할을 하는

---

* 실제로 지구는 땅에 흡수되었다가 방출된 후에 대기 중의 수증기와 이산화탄소와 같은 온실 가스에 갇힌 열 때문에 조금씩 뜨거워졌을 것이다.

것은 태양으로부터 도착하는 에너지의 "양"이 아니다. 사실 그런 역할을 하는 것은 에너지의 "품질"이다. 높은 온도의 태양의 광자는 좋은 품질을 가지고 있다. 태양의 광자가 식물에서 물과 이산화탄소를 포도당으로 합성하는 것과 같은 생물학적 과정이 가능하도록 하는 능력을 가진 것도 그런 이유 때문이다. 그러나 이러한 과정 하나하나가 열 에너지의 품질을 떨어뜨려서 결국에는 유용한 일을 하지 못하는 낮은 품질과 낮은 등급의 열이 된 채로 우주 공간으로 빠져나가게 된다.

결국 별이 모든 열을 우주 공간으로 방출하고 나면, 우주에 있는 모든 것의 온도가 같아진다. 증기기관의 핵심인 온도 차이가 사라지고 나면, 더 이상 유용한 일은 불가능해진다. 즉 우주의 모든 활동이 멈춘다. 모든 우주적 기계가 덜컥 멈춰버리는 따분한 상태를 우주의 "열적 죽음thermal death"이라고 부른다. T. S. 엘리엇의 표현에 따르면, 세상은 "요란스러운 폭음이 아니라 조용한 속삭임"으로 막을 내릴 것이다.[22]

우리는 빅뱅으로 시작된 우주에서 살고 있다. 그런데 오늘날 우주가 더욱 무질서해지는 이유는 무엇일까? 우주가 과거에는 더 규칙적이었기 때문이라는 것이 확실한 답이다. 빅뱅은 낮은 엔트로피의 규칙적인 상태였을 것이다. 그런데 규칙적인 상태는 특별한 상태이기 때문에 이런 결론은 물리학자에게는 불편한 것이다. 물리학자는 우주의 모든 것이 특별한 것이 아니라 물리 법칙에 의한 자연적인 결과라고 생각하고 싶어한다. 따라서 우주가 낮은 엔트로피의 상태에서 시작되었다는 사실에는 설명이 필요하다. 그러나 지금까지 아무도 만족스러운 이유를 찾아내지 못했다.

궁극적으로 성이 무너지고, 꽃병이 깨지고, 사람이 늙는 이유는 우주가 빅뱅으로부터 팽창하고 있기 때문이다. 아득하게 멀리 있는 우주의 일상과 손에 닿을 듯이 가까운 곳의 일상 사이에 이보다 더 놀라운 연결 고리가 있을 수 있겠는가? 테이블 위에 놓아둔 커피가 식는 것은 가장 멀리 있는 은하들이 우리로부터 멀어지는 방향으로 날아가고 있기 때문이다!

그러나 어쩔 수 없는 결과가 있다. 앞으로 우주 팽창의 기력이 다해서, 우주가 다시 방향을 바꾸어서 빅뱅Big Bang의 거울상이라고 할 수 있는 "빅 크런치Big Crunch"로 되돌아가게 된다면, 시간의 화살도 역시 방향을 바꿀 것이다. 무너진 성은 다시 세워질 것이고, 깨진 꽃병이 다시 만들어지고, 살아 있는 생명체들도 다시 젊어질 것이다! 그런데 지적 존재가 우주를 인식하는 사고思考의 방향도 역시 뒤집어지게 될 것이다. 따라서 "비가 내리지 않는 것이 아니다"라는 이중 부정이 "비가 내린다"와 같은 것과 마찬가지로, 빅 크런치로 줄어드는 우주에서 거꾸로 진행되는 사건은 빅뱅으로 팽창하는 우리 우주에서 정상적인 방향으로 진행되는 사건과 정확하게 똑같아 보일 것이다. 빅뱅과 빅 크런치 사이에는 완벽한 대칭성이 존재한다. 우리가 아는 사실을 바탕으로 우리는 바로 이 순간에 빅뱅으로부터 팽창하는 우주에 있다고 믿고 있지만, 사실은 빅 크런치를 향해서 무너지는 우주에 존재하고 있을 수도 있다!

아마도 마지막 이야기는 독일의 물리학자 아르놀트 조머펠트에게 맡겨야 할 것이다. "열역학은 흥미로운 주제이다. 처음 공부할 때는 아무것도 이해하지 못한다. 두 번째로 공부할 때는 한두 가지 사소한 것 이외에는 모두 이해했다고 생각한다. 세 번째로 공부할 때는 다시 아무것도 이해하지 못하지만, 이제는 너무 익숙해져서 더 이상 신경을 쓰지 않게 된다."[23]

6

판 구조론

지구의 지각은 마치 갈라진 포장도로처럼 부서져
솟아오르는 마그마에 따라 서로 부딪친다

"왜 일본에서 지진과 쓰나미가 발생했을까? 신의 분노 때문이었을까?
아니다. 지구 지각판들의 이동과 충돌에 의한 결과였을 뿐이다.
지구가 자신의 내부 온도를 조절하는 과정에서 발생한 일이었다.
지진을 발생시키는 이 과정이 없었다면,
지구에서 생명이 번성할 수 없었을 것이다."
—애덤 해밀턴[24]

과거의 지질학자들은 지구의 표면이 위아래로만 움직여서 산과 같은
구조를 만들어냈을 것이라고 믿었다. 그러던 지질학자들은 뒤늦게
그것이 절반의 이야기에 지나지 않는다는 사실을 깨달았다. 지구의
표면은 옆으로도 움직인다. 지구의 표면은 8개의 "큰 지각판"과 10여
개의 "작은 지각판"으로 갈라져 있다. 그뿐만 아니라 그 지각판들은
느린 속도로 서로 미끄러지고, 충돌하고, 밑으로 파고 들어가기도 한
다. 판 구조론plate tectonics이라고 알려진 이 이론은 반세기 전까지만

해도 극단적인 이단이었다.

지구의 표면에서 일어나는 일에 관심을 가졌던 최초의 과학자는 1912년 독일의 기후학자 알프레트 베게너였다. 사실 훨씬 오래 전인 1620년에 영국의 정치인 겸 철학자인 프랜시스 베이컨이 어설프게 그려진 세계 지도에서 아프리카와 남아메리카의 대서양 해안선이 놀라울 정도로 닮았다는 사실을 주목한 적이 있었다. 그러나 베이컨을 비롯한 당시의 사람들은 그런 유사성을 호기심 이상으로 생각하지 못했다. 그런데 베게너는 달랐다. 그는 대서양 양쪽의 암석이 똑같을 뿐 아니라 그 속에 남아 있는 화석들도 같다는 사실을 발견했다. 그는 아프리카와 남아메리카에 해당하는 거대한 2개의 조각이 한때 하나로 붙어 있었다는 결론을 얻었다. 그랬던 조각이 서로 떨어져서 각자 멀리 이동했다는 것이다.

"대륙 이동설"이라는 베게너의 이론은 완전히 엉터리 취급을 받았고, 사람들은 그런 이론을 이야기하는 베게너를 외면했다. 그는 대륙이 움직이는 메커니즘을 알아내지도 못했고, 아프리카와 남아메리카가 어떻게 수천 킬로미터의 바다를 사이에 둔 현재의 위치에 도달하게 되었는지를 설명하지도 못했기 때문에 더욱 그랬다. 덴마크의 물리학자 닐스 보어는 "당신의 이론은 엉터리이다. 그런데 진실이라고 할 수 있을 정도로 엉터리일까?"라고 했다.[25] 실제로 베게너의 이론은 진실일 정도로 엉터리였던 것으로 밝혀졌다. 불행하게도 그는 자신이 옳은 길에 들어섰다는 결정적인 근거가 확인되기 수십 년 전인 1930년에 세상을 떠났다.

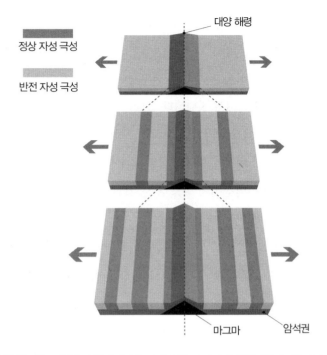

대양 해령

정상 자성 극성

반전 자성 극성

마그마   암석권

자기대(磁氣帶) 지각판이 갈라지면서 그 틈으로 마그마가 흘러나온다. 이 마그마가 굳어서 만들어지는 새로운 지표면은 지구의 자기장과 같은 방향으로 자기화된다. 지구의 자기장은 주기적으로 반전되기 때문에 암석의 자성도 주기적으로 반전된다.

19세기에 대서양 양쪽의 유럽과 미국을 연결하는 전신 케이블을 설치하던 중에 대서양 중앙에서 기묘한 해령海嶺이 발견되었다.[26] 그리고 1960년대 미국 해군의 음향 탐사 과정에서 그것이 단순한 해령이 아니라는 사실이 확인되었다. 북쪽의 아이슬란드부터 남쪽의 포클랜드 제도까지 1만 킬로미터에 이르는 이 해령은 대서양을 반으로 가르는 거대한 해저 산맥이었다.

대서양 바다 밑에 이런 거대한 해령이 있는 이유에 대한 실마리는 해저 암석의 자기장 측정을 통해서 밝혀졌다. 암석은 오래 전에 폭발한 화산이 뿜어낸 용암이 굳어서 만들어진다. 그리고 용암이 완전히 굳을 때까지는 암석을 구성하는 원자들이 지구의 북쪽에서 남쪽을 향하는 자기력에 의해서 정렬된다. 그런 후에 암석은 영원히 당시의 자기장의 방향으로 고정된다. 그렇게 고정된 자기장에서 놀라운 패턴이 확인되었다. 대서양 해령의 양쪽에 대칭적인 자기대가 존재하는 것으로 밝혀졌다. 암석이 한쪽으로 자기화된 후에 반대 방향으로 자기화되는 일이 반복되었다는 뜻이다.

그런 "자기 반전"의 증거는 육지에서도 발견된다. 지구 자기장이 막대 자석과 마찬가지로 주기적으로 방향을 바꾸기 때문에 자기 북극이 자기 남극이 되고, 그 반대가 되기도 한다는 뜻이다. 이런 일이 일어나는 이유는 여전히 불분명하다. 그러나 화산 폭발로 흘러나와서 굳은 암석이 지구 자기장의 방향을 따라 자기화되는 것은 분명하다. 따라서 해저의 자기대는 그곳에서 무슨 일이 일어났는지를 보여주는 확실한 증거가 된다. 암석의 연대를 측정한 지질학자들은 대서양 해령에 가장 가까운 곳의 암석이 가장 젊고, 가장 멀리 있는 암석이 가장 오래되었다는 사실을 발견했다. 대서양 해령이 "생성형 지각 manufacturing curst"이라는 것이 유일하게 가능한 설명이었다.

공룡이 지구를 지배하던 약 1억2,000만 년 전에 남아메리카와 아프리카는 정말 하나로 붙어 있었다. 그런데 지각이 갈라지면서, 용암이 뿜어져 나오고, 갈라진 틈으로 물이 쏟아졌다. 해마다 지구 표면의 갈라진 틈에서 더 많은 용암이 뿜어져 나왔고, 그렇게 만들어진 지각이 느리지만 무자비한 힘으로 두 대륙을 점점 더 멀리 밀어냈다. 오늘날 3개의 지각판이 서로 멀어지면서 언젠가 대서양에 버금가는 새로운 대양이 탄생하게 될 에티오피아의 아파르 지역에서도 똑같은 일이 진행되고 있다.

남아메리카와 아프리카는 베게너가 상상했듯이, 수천 킬로미터의 단단한 해저를 가로질러서 현재의 위치에 도달한 것은 아니었다. 처음에는 해저의 바닥이 없었다. 육지 사이에 바닥이 만들어졌고, 그것이 넓어지면서 두 대륙을 밀어냈다. 사실 대서양 해령은 매년 대략 5세제곱킬로미터의 용암을 뿜어낸다. 1980년의 재앙적인 화산 폭발로 0.25세제곱킬로미터의 암석을 분출한 워싱턴 주의 세인트헬렌스 산보다 무려 20배나 더 많은 양이다. "대서양 해령"은 매년 전 지구적으로 대략 30세제곱킬로미터의 새로운 지각을 만들어내는 지각 생산의 공장이다.

지구는 유한한 크기의 구球이기 때문에 무엇을 포기하지 않고서는 계속 더 많은 지각을 만들수 없다. 무슨 일이 일어나는지 이해하기 위해서는 지구의 지각판들이 지구 내부의 대단히 뜨겁고 밀도가 높은 맨틀 위에 떠 있다는 사실을 고려해야 한다. 지각판은 대륙판, 대양판, 또는 두 가지 모두를 등에 업고 있다. 지각이 움직이고 있다는 베게너의 주장은 옳았다. 그러나 실제로 움직이는 것이 단순히 대륙이라고 믿었던 것은 오류였다.

화산암으로 만들어지는 대양 지각은 화강암으로 만들어지는 대륙 지각보다 더 무거운 것으로 밝혀졌다. 결과적으로 대륙 지각은 액체 상태인 맨틀보다 더 높이 떠 있게 된다. 이것이 우리가 당연하다고 생각하는 사실을 설명해준다. 우리는 대양의 바닥은 낮고 축축하지만, 왜 대륙은 높고, 건조한지에 대해서 굳이 설명해야 한다고 생각하지 않는다. 그래서 지질학자들이 말하듯이 대륙 지각은 "지구의 거품 scum of the earth"이다.

대서양 해령에서 끊임없이 만들어지는 지각은 지각판들이 서로를 밀어내게 만든다. 대륙 지각이 포함된 2개의 지각판이 충돌할 때마다 가벼운 대륙 지각에 주름이 생기고, 밀려 올라가서 산이 만들어진다. 히말라야 산맥에서 그런 일이 벌어지고 있다. 그러나 지각에 주름이 생기는 일은 지각의 질량이 계속 증가하는 변화에 대한 일시적인 해결책일 뿐이다. 지각의 어느 곳은 반드시 파괴되어야 한다. 대양 지각이 포함된 지각판이 대륙 지각이 포함된 지각판과 만나는 남아메리카의 서해안에서 그런 일이 진행 중이다.

대양 지각은 대륙 지각보다 더 무겁다. 그래서 대양 지각은 대륙 지각의 아래쪽에 있는 맨틀로 들어간다. 이런 과정에서 물이나 조개껍데기와 같은 바다의 잔해가 끌려가면 위쪽에 있는 대륙 지각의 녹는 점이 내려가서 칠레의 해안에서 볼 수 있는 것처럼 화산이 폭발하게 된다. 안데스 산맥이 바로 그런 화산이다. 맨틀로 들어가는 대양 지각은 위에 있는 대륙 지각을 계속 앞뒤로 흔들리게 하는데, 2010년 칠레에서 발생한 재앙적인 강진이 바로 이런 흔들림 때문이었다.

그러나 지각판이 해령에서만 만들어지고, 다른 지각판 밑으로 들어갈 때에만 파괴되는 것은 아니다. 지각판은 서로 옆으로 미끄러지기도 한다. 캘리포니아의 샌앤드레이어스 단층에서 이런 일이 일어난다. 태평양판이 북아메리카판 옆으로 움직이면서 로스앤젤레스와 샌프란시스코 사이의 간격이 매년 5센티미터씩 줄고 있다. 이처럼 판 구조론은 우리 행성에서 관찰되는 거의 모든 현상을 대체로 잘 설명한다. 판 구조론이 없었더라면, 지질학은 찰스 다윈의 자연선택에 의한 진화론이 없는 생물학처럼 의미를 찾지 못했을 것이다.

그린란드의 현장에서 연구하던 중에 고작 쉰의 나이에 세상을 떠난 베게너는 지구 표면의 덩어리들을 움직이게 만드는 엔진이 무엇인지는 짐작조차 하지 못했다. 그러나 그것은 그저 지구 내부에서 빠져나오는 열이었다. 탄생 후 45억5,000만 년이 지난 지금도 지구에는 액체 상태로 탄생했을 때의 열이 남아 있다. 우라늄, 토륨, 포타슘과 같은 방사성 동위원소들이 붕괴되거나 부패하는 과정에서 발생하는 열도 있다. 이 모든 것들이 지구의 내부를 점성도가 매우 큰 유체 상태로 유지시켜준다. 냄비의 끓는 물처럼 지구 내부에서도 뜨겁고 가벼운 유체는 위로 올라가고, 차갑고 무거운 유체는 아래로 가라앉는다. 맨틀을 구성하는 유체의 순환이 "베게너 퍼즐 조각"을 일정한 유동流動의 상태로 만들어준다.[27]

계속해서 움직이는 지각판은 지구 표면의 모습을 변화시키는 수준을 넘어서 우리 행성을 사람이 살 수 있는 곳으로 만들어주는 핵심적인 역할을 한다. 이산화탄소는 대기 중에 열을 가둬두는 강력한 온실가스이다(지구 온난화에 대해서는 제3장 참조). 이산화탄소는 화산을 통해서 지속적으로 대기 중으로 분출된다. 이산화탄소는 공기 중에서 바다로 흡수되어 해양 생물들의 탄산염 껍데기로 변한다. 갑각류가 죽으면 탄산 껍데기는 바다 밑에 가라앉고, 그 잔해는 해양 지각판이 대륙 지각판 밑으로 들어갈 때 맨틀 속으로 함께 들어간다. 결국 지각판이라는 컨베이어 벨트가 대기 중의 이산화탄소가 위험한 수준으로 누적되지 않도록 막아준다.

대기 중의 이산화탄소를 제거해주는 판 구조가 없었다면, 무슨 일이 벌어졌을지는 금성을 보면 알 수 있다. 화산에서 분출되는 이산화탄소의 대기 중 농도가 지구의 100배에 가까운 수준인 96.5퍼센트까지 누적되었고, 그 때문에 금성의 표면 온도는 납이 녹을 정도로 뜨거워졌다. 캘리포니아 마운틴뷰에 있는 SETI 연구소의 세스 쇼스탁은 이렇게 말했다. "현재 판 구조를 가지고 있지 않은 금성이나 화성과 같은 행성 중에는 생명이 거주할 수 있는 곳이 없다. 판 구조는 생명 다양성이 풍부한 세계의 필수 조건일 수도 있다."

지각판이 맨틀 아래쪽으로 밀려 들어가는 일은 우리에게는 영원한 시간이 걸리는 일처럼 보일 수도 있다. 그런데 지진으로 인해 발생해서 지구 내부를 돌아다니는 지진파를 컴퓨터로 분석하면, 지구 내부에 대한 일종의 X-선 사진을 만들 수 있다. 이러한 지진 단층 촬영으로 맨틀을 둘러싸고 있는 지각의 모습을 볼 수 있다. 지구의 깊은 내부에는 핵이 있다. 지구의 핵은 고체의 철로 된 내핵 주위를 액체의 철로 된 외핵이 둘러싼 구조이다. 놀랍게도 지진 단층 촬영은 모든 지각판들이 핵을 향해서 가라앉고 있는 모습을 보여준다. 지각판이 녹을 것이라고 예상했던 우리에게는 놀라운 모습이다. 지각판은 외핵의 바깥쪽을 감싸고 있다.

정말 지구의 핵이 지각판의 무덤이라면, 이 사실을 이용해서 다른 현상을 설명할 수도 있다. 극단적으로 뜨거운 맨틀의 기둥이 핵으로부터 솟아오른다. 그런 기둥이 용접용 토치처럼 지각판의 옆면을 가열한다. 하와이 군도의 밑에는 실제로 그런 초대형 기둥superplume이 있다. 이곳의 섬들은 지각판이 용접용 토치와 같은 뜨거운 맨틀 기둥을 가로지르는 동안에 생성된 화산이다. 지구 핵의 온도는 태양의 표면 온도에 버금가는 약 섭씨 5,000도이다. 외핵에 있는 지각판의 무덤을 통해서, 즉 지각판 사이의 틈새를 통해서 핵의 열이 빠져나갈 수 있게 되고, 이 과정에서 초대형 기둥이 탄생한다.

지진 단층 촬영을 통해서 맨틀 속의 핵 바로 위에 해당하는 약 2,000킬로미터 아래에 2개의 거대한 대륙 크기의 단단한 덩어리가 있다는 사실이 확인되었다.[28] 그런 덩어리는 주변보다 더 뜨겁거나 밀도가 더 높기 때문에 나타난다. 지질학자들도 그 덩어리가 어떻게 그곳에 있게 되었는지는 잘 알지 못한다. 그러나 그것이 테이아Theia의 잔해일 수도 있다는 가설이 있다. 테이아는 화성 크기의 가상의 천체로, 지구에 충돌하는 과정에서 지구 맨틀의 일부가 떨어져 나가서 달이 되도록 해준 천체를 말한다. 그러나 이 사건은 지구가 탄생한 직후에 일어났던 것으로 보인다. 그 화석이 45억 년 동안 변함없이 남아 있다는 것은 매우 특별한 일이다.

판 구조론에 관한 가장 중요한 의문들 중 하나는 그것이 언제 시작되었느냐는 것이다. 최근의 증거에 따르면, 아마도 적어도 32억 년 전이었을 것으로 추정된다.[29] 지각판의 움직임에 의해서 이산화탄소가 땅속에 묻히는 현상이 대기 중의 온실 가스 누적을 막아주었다면, 이 과정이 수십억 년 동안 지구의 기후를 안정시켰을 수도 있다. 따라서 적어도 38억 년 전에 시작된 것으로 보이는 이 과정이 생명의 진화에서 핵심적인 역할을 했을 수도 있다.

판 구조의 변화가 어떻게 시작되었는지는 아무도 알지 못한다. 그러나 지각에 균열을 만들었던 소행성 충돌과 같은 사건에 의해서 갑자기 시작되지는 않았을 것이다. 지구의 내부가 식으면서 발생한 점진적인 수축으로 지각에 균열이 생기기 시작했을 가능성이 더 높다. 그런 원시적인 판 구조의 움직임이 오늘날 지구에서 작동하는 방식으로 자리를 잡기까지는 아마도 수십억 년이 걸렸을 것이다.

7

양자 이론

입자는 파동처럼 행동할 수 있고,
파동은 입자처럼 행동할 수 있다

"우리는 월요일, 수요일, 금요일에는 파동 이론을 가르치고,
화요일, 목요일, 토요일에는 입자 이론을 가르친다."
—윌리엄 브래그

20세기 초에 처음으로 원자와 그것의 구성 입자를 살펴보기 시작한 물리학자들은 도저히 믿기 어려운 사실을 발견했다. 세상의 궁극적인 구성 단위인 원자, 전자, 광자 등이 분명히 서로 모순되는 두 가지 방식으로 행동한다는 것이었다. 그들은 작은 당구공과 같은 입자처럼 행동하기도 하고, 연못을 가로질러 퍼지는 물결과 같은 파동처럼 행동하기도 한다.

입자처럼 국소화된 것이 어떻게 퍼져나가는 파동과 같은 방식으로 행동할 수 있는지를 이해하려고 노력할 필요도 없었다. 진실은 세상의 궁극적인 구성 단위는 입자나 파동이 아니고, 우리의 언어에는 적절한 단어도 없으며, 일상생활에서 비교할 만한 대상도 없다는 것이

다. 어쩌면 아무에게도 놀라운 일이 아닐 수 있다. 원자는 너무 작아서 1,000만 개를 모아도 이 문장 끝에 있는 마침표를 채울 수 있을 정도이다. 극단적으로 작은 영역에서 작동하는 법칙이 우리의 일상 세계를 지배하는 법칙과 똑같아야 하는 이유가 있을까?

양자 이론이라고도 알려진 파동역학wave mechanics은 놀라울 정도로 성공적이다. 레이저, 컴퓨터, 핵 반응로가 모두 파동역학 덕분에 가능해졌다. 우리 발밑의 땅이 왜 단단한 고체이고, 태양이 어떻게 빛나는지를 설명해주는 것도 파동역학이다. 그러나 양자 이론은 사물을 만들고 이해하는 방법뿐만이 아니라 실재의 바탕에 존재하는 반反직관적인 이상한 나라의 앨리스와 같은 세상을 들여다볼 수 있는 창문도 제공한다. 한 사람이 런던과 시드니에 동시에 있을 수 있으며 1개의 원자가 동시에 두 곳에 존재할 수 있고, 도대체 아무 이유도 없이 어떤 일이 벌어지기도 하고, 우주의 반대편에 있는 2개의 원자가 일시적으로 서로에게 영향을 미칠 수 있는 것이 바로 양자 이론의 세계이다.

이런 이상한 현상이 모두 세상의 궁극적인 구성 단위가 입자와 파동처럼 행동할 수 있다는 사실의 결과이다. 그리고 이 길은 양방향 통행이 가능하다. 파동이 입자처럼 행동할 수도 있고, 입자가 파동처럼 행동할 수도 있다. 먼저 파동이 입자처럼 행동하는 경우를 생각해보자.

1801년에 천재적인 "이중 슬릿 실험"으로 빛이 파동이라는 사실을 입증한 사람은 영국의 박학다식한 의사인 토머스 영이었다. 이전까지는 빛의 파동이 오르내리는 간격인 파장이 사람의 머리카락보다도 훨씬 얇은 1,000분의 1밀리미터에 지나지 않을 정도로 짧기 때문에 빛이 파동이라는 사실을 알아차리지 못했다. 그러나 빛은 파동처럼 행동할 뿐만 아니라 광자의 흐름처럼 행동할 수도 있다. 1923년 미국의 물리학자 아서 콤프턴이 발견했던 "콤프턴 효과"에 따르면, 고에너지의 빛인 감마선과 충돌한 전자는 정확하게 작은 총알에 충돌한 것처럼 휘어진다.

빛이 광자의 흐름처럼 행동한다는 결론은 과학의 역사상 가장 충격적인 발견들 중 하나이다. 여러분이 창문을 통해서 밖을 바라볼 때는 말 그대로 여러분이 정면을 바라본다. 여러분은 정면에 있는 바깥세상을 보지만, 창문에 흐릿하게 반사된 얼굴도 보게 된다. 유리에 그런 영상이 나타나는 이유는 매질이 완벽하게 투명하지 않기 때문이다. 대부분의 빛은 유리를 통과하지만, 일부는 반대쪽으로 반사된다. 빛이 파동이라면 이런 일상적인 관찰을 이해하기가 쉽다. 모터보트 때문에 생긴 물결이 물속에 잠겨 있는 나무 조각에 닿는 경우를 생각해보자. 대부분의 파동은 앞으로 계속 진행하지만, 일부는 뒤로 반사된다. 빛을 파동이라고 생각하면 쉽게 설명할 수 있는 문제가 빛을 광자의 흐름이라고 생각하면 이해할 수 없게 된다. 결국, 빛이 모두 똑같다면 모두가 똑같은 영향을 받아야 할 것이다. **모두가 창문으로 통과하거나, 아니면 모두가 창문에 반사되어야** 하지 않을까? 일부는 통과하고, 일부는 반사된다는 사실을 설명하는 유일한 방법은 각각의 광자가 통과하거나 반사될 확률을 가지고 있다는 사실을 인정하는 것뿐이다. 그러나 각각의 광자가 어떻게 행동할지를 알아낼 방법은 없다. 다시 말해서 광자의 미래는 전혀 예측할 수 없다.

이런 일은 광자만이 아니라 원자, 전자, 또는 다른 입자들을 포함한 미시 세계의 모든 입자들에도 적용되는 것으로 밝혀졌다. 놀랍게도 우주는 가장 근본적인 수준에서는 무작위적인 우연에 근거를 두고 있다. 예를 들면 우리는 행성과 달리 아원자 입자(원자를 구성하는 양성자, 중성자, 전자 등의 입자/역주)가 공간에서 어떤 경로를 지나갈 것인지 절대 알아낼 수 없다. 우리는 입자가 어떤 경로를 따라갈 확률과 다른 경로를 따라갈 확률을 알 수 있을 뿐이다.

이 사실이 마음에 들지 않았던 알베르트 아인슈타인은 "신은 우주에 대해서 주사위 놀이를 하지 않는다"라는 유명한 말을 남겼다. 이 말에 덴마크의 물리학자 닐스 보어는 "신에게 주사위로 무엇을 하라고 강요하지 말라"라고 반박했다. 양자 세계의 한 가지 장점은 예측이 근본적으로 불가능하지만, 예측 불가능성은 예측할 수 있다는 것이다! 양자 이론은 예측 불가능성을 예측하는 방법이다.

파동이 입자처럼 행동하는 것에 대해서는 이 정도로 마치기로 한다. 그렇다면 입자가 파동처럼 행동하는 경우는 어떨까? 입자도 파동이 할 수 있는 모든 것을 할 수 있다는 뜻이다. 파동이 할 수 있는 일들 중의 하나가 바로 모퉁이를 돌아서 휘어지는 것이다. 파동에 그런 특성이 없었다면, 아무도 옆 골목에서 울리는 경찰차의 사이렌을 들을 수 없을 것이다. 그런데 파동이 할 수 있는 일들 중에서 일상생활에서는 하찮은 일이지만 양자 세계에서는 세상이 무너질 정도로 대단한 일이 있다. 바다에서 밀려오는 거대한 파도를 일으키는 폭풍을 생각해보자. 태풍이 지나간 다음 바다가 잔잔해지면 해수면에는 그저 가벼운 바람에 의한 물결이 일게 된다. 이런 모습을 본 적이 있다면, 거대하게 밀려오는 파도의 표면이 출렁거리는 모습을 본 적도 있을 것이다. 그리고 이것은 모든 종류의 파동에서 볼 수 있는 특징으로 밝혀졌다. 2개 이상의 파동이 가능하다면, 그런 파동들이 겹치게 되는 중첩重疊, overlap도 가능하다.

이제 광자나 전자와 같은 아원자 입자와 관련된 파동이 기묘하다는 점이 분명해졌다. 이런 파동은 슈뢰딩거 방정식으로 알려진 유명한 공식에 따라서 공간을 통해 퍼지고 물결치는 추상적이고 수학적인 확률의 파동이다. 파동의 세기가 큰 곳에서는 입자를 발견할 확률이 높고, 파동의 세기가 작은 곳에서는 입자를 발견할 확률이 낮다 (실제로 확률이 세기의 제곱이라는 사실은 단지 기술적인 것이다).

이제 방 왼쪽의 대부분을 차지해서 그곳에서 발견될 확률이 거의 100퍼센트인 산소 분자의 양자 파동을 생각해보자. 그리고 방의 오른쪽의 대부분을 차지해서 그곳에서 발견될 확률이 거의 100퍼센트인 산소 분자의 양자 파동도 생각해보자. 2개의 파동이 가능하다면, 두 파동의 결합 역시도 가능하다는 사실을 기억해보자. 이럴 경우 양자 파동은 산소 분자가 방의 왼쪽과 오른쪽에 동시에 존재한다는 것을 보여준다!

이상한 양자의 세계에 온 것을 환영한다. 그리고 양자 파동은 입자가 공간의 어디에 있는지 뿐만 아니라 그 입자에 관한 모든 정보를 가지고 있다. 따라서 입자는 동시에 두 곳 이상의 위치에 존재할 수 있을 뿐만 아니라, 동시에 두 가지 이상의 일을 하는 것도 가능하다. 이것이 바로 동시에 여러 가지 계산을 할 수 있는 능력을 활용한 양자 컴퓨터의 근거이다(양자 컴퓨터에 대해서는 제16장 참조).

그런데 양자다움은 취약한 것이어서 외부 환경과의 상호작용을 견뎌내지 못한다. 우리가 주변의 사물을 보게 되는 것도 사물에서 튕겨진 빛의 입자가 우리 눈에 들어오기 때문이다. 그래서 전자와 같은 초미시적 입자를 관찰하기 위해서는 광자와 같은 입자와 충돌시켜서 어떻게 튕기는지를 보아야 한다. 그러나 이 과정에서 어쩔 수 없이 양자다움이 파괴된다. 전자는 더 이상 동시에 여러 곳에 존재하는 것이 아니라 어느 한 곳을 선택하는 결 흩어짐decoherence이 일어나게 된다. 전자가 동시에 여러 곳에 있을 수 있더라도 우리가 실제로 관찰할 수 없다는 사실이 중요한 이유가 궁금할 수도 있다. 우리가 직접 관찰하지 못하는데도 그런 결과가 실험으로는 확인된다는 것이 그 이유이다.

이제 1801년 토머스 영이 빛이 파동이라는 사실을 증명하도록 해준 간섭interference이라는 파동 현상을 살펴보자. 기본적으로 2개의 파동이 겹쳐지는 경우에, 한 파동의 마루가 다른 파동의 마루와 일치하면 파동이 보강되고, 한 파동의 마루가 다른 파동의 골과 일치하면 파동이 서로 상쇄된다. 두 과정을 각각 보강 간섭constructive interference과 상쇄 간섭destructive interference이라고 한다. 핵심은 이런 간섭들이 관찰되기 전의 양자 파동에서도 일어날 수 있다는 것이다. 그리고 이 사실이 모든 차이를 만들어낸다.

똑같은 2개의 볼링공이 서로 충돌해서 서로 반대 방향으로 튕겨나

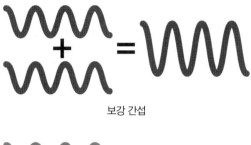

보강 간섭

상쇄 간섭

모든 양자 기묘함의 근원 전자와 같이 입자의 가능성을 가진 양자 파동이 다른 전자의 가능성을 간섭할 수 있다.

가는 경우를 생각해보자. 공들이 시계 문자판의 10시 방향과 4시 방향으로 튕겨질 수도 있고, 7시와 1시 방향으로 튕길 수도 있다. 공을 수천 번 넘게 반복해서 충돌시키면 공은 시계 문자판의 모든 방향으로 튕겨나갈 것이다. 그러나 이제 똑같은 2개의 양자 입자가 충돌해서 서로 튕긴다면 무슨 일이 일어날지를 생각해보자. 시계 문자판의 어느 방향에서는 양자 파동들이 보강적으로 간섭하고, 다른 방향에서는 상쇄적으로 간섭한다. 그런 충돌이 수천 번 반복되면 시계 문자판에서는 입자들이 예상값보다 더 많이 날아가는 방향이 생길 것이다. 그런 방향은 입자가 **전혀 지나가지 않는** 방향과 번갈아가면서 나타나게 된다.

물론 아무도 양자 볼링공에 관심이 없을 것이다. 그러나 이 결과는 간섭이 핵심적인 역할을 하는 양자 세계와 일상 세계 사이의 극단적인 차이를 보여준다. 그리고 확률이 서로 다르다는 것을 보여주는 양자 파동 사이의 간섭은 원자와 우리 주변의 모든 것들이 존재하는 이유를 설명해준다. 양자 이론이 등장하기 이전의 고전 물리학은 전혀 그렇지 않았다.

간단하게 말해서 원자는 전자가 행성처럼 공전하고 있는 태양과 같은 핵으로 생각할 수 있다. 19세기에 제임스 클러크 맥스웰이 발견한 전자기 법칙에 따르면, 전하를 가진 입자가 가속되면 아주 작은 등대처럼 전자기 파동인 빛을 방출한다. 그리고 전자가 공전하는 과정에서 방향을 바꾸는 것은 가속 운동에 해당한다. 이런 현상이 계속되면, 전자의 에너지가 줄어들어서 결국 전자는 나선형 궤도를 따라 핵으로 끌려가게 된다. 실제 계산에 따르면, 전자가 핵에 충돌하기까지는 1억 분의 1초 정도의 시간이 걸린다. 리처드 파인먼은 "고전적인 견해에 따르면 원자는 절대 존재할 수 없다"라고 했다. 만약 전자가 정말 나선형 궤도를 따라서 원자보다 10만 배나 더 작은 핵으로 끌려가버린다면, 여러분이 서 있는 바닥은 무너질 것이다.

전자의 상태를 설명하는 가능한 양자 파동은 무한히 많을 것이다. 예를 들면 사각형 궤도를 따라서 움직이는 전자를 설명하는 양자 파동도 있다. 가장 가까이 있는 별로 떨어져 나갔다가 다시 돌아오는 전자를 설명하는 양자 파동도 있다. 또다른 양자 파동들도 얼마든지 있다. 그러나 중요한 사실은 엄청나게 많은 수의 가능한 양자 파동을 함께 놓고 볼 때, 핵에 가까운 곳에서는 양자 파동들이 **모두 상쇄된다**는 것이다. 따라서 전자가 핵으로 끌려가서 원자가 붕괴될 확률은 0이다. 이렇게 해서 여러분과 나와 우리 주위의 단단한 사물로 구성된 세상이 존재할 수 있게 된다.

물질의 궁극적 구성 단위의 파동적인 특성은 또다른 대단한 결과로 이어진다. 일상 세계에서는 자동차의 위치와 (움직이고 있다면 시속과 같은) 운동량momentum(움직이는 입자의 질량과 속도를 곱한 값에 해당하는 물리량/역주)과 같은 성질을 측정할 수 있다. 그러나 미시 영역에서는 두 가지 모두를 동시에 정밀하게 측정하는 것이 불가능하다. 규칙적으로 위아래로 진동하면서 무한히 멀리 퍼져 있는 파동을 생각해보자. 양자적인 입자가 그런 사인 파동sine wave으로 설명된다면, 입자가 어느 특정한 위치에 있을 확률(세기의 제곱)은 어디에서나 똑같을 것이다. 따라서 입자가 어디에 있는지는 전혀 알 수 없다. 그리고 파동이 위아래로 진동하는 속도를 입자의 속도 또는 엄격하게 말해서 운동량과 연관시킬 수 있다. 느리게 진동하는 파동은 적은 운동량을 가지고 있고, 격렬하게 진동한 파동은 많은 운동량을 가지고 있다. 그리고 이 경우에 파동은 전혀 변하지 않기 때문에 운동량은 정확하게 알 수 있다.

이제 파동을 더 국소적으로 보면 어떤 일이 생기는지를 살펴보자. 훨씬 빠르게 진동해서 공간의 특정 영역을 제외한 다른 곳에서는 2개의 파동이 상쇄되는 또다른 사인 파동을 더해보면 된다. 더 빠르게 진동하는 다른 파동을 또 더해주면 파동을 더 심하게 국소화할 수 있다. 이렇게 하는 과정에서 우리는 입자의 운동량이 점점 더 불확실해진다는 대가를 치러야 한다. 그런 파동은 서로 다른 운동량을 가진 파동들의 겹침으로 구성되기 때문이다.

정리하자면 위치와 운동량 사이에 거래가 이루어지는 것이다. 입자의 위치가 더 확실해지면 운동량은 점점 더 불확실해진다. 반대로 입자의 운동량이 더 확실해지면 위치는 점점 더 불확실해진다. 이것이 바로 하이젠베르크의 불확정성 원리Heisenberg uncertainty principle이다. 불확정성 원리에 따르면, 양자 세계에 대해서 우리가 알고 싶어하는 모든 것을 알아내기는 불가능하다. 위치-운동량이나 에너지-시간처럼 두 가지 성질의 값을 모두 정확하게 알아낼 수 없는 쌍들이 존재한다. 언제나 한 가지를 아는 것과 다른 한 가지를 아는 것 사이에는 거래가 있기 마련이다. 양자의 세계는 더 자세하게 볼수록 더 흐릿하고 모호한 신문 속의 사진과도 같다는 뜻이다.

이 사실이 말해주는 놀라운 결과 중 하나가 바로 진공이 실제로는 비어 있지 않다는 것이다. 진공을 자세히 살펴보면 어떤 위치를 특정하는 단순한 행동이 바로 그 위치에 존재하는 것의 운동량을 매우 불확실하게 만든다. 간단히 말해서 진공은 에너지 또는 갑자기 등장했다가 순식간에 사라지는 양자적 입자들이 소용돌이치는 곳이다. 모든 것이 하이젠베르크의 불확정성 원리 때문이다. 그것은 무의미한 이론이 아니다. 그렇게 소용돌이치는 에너지의 바다가 원자의 바깥에 있는 전자에 영향을 미치고, 그 영향은 전자의 에너지에서 관찰되는 "램 이동Lamb shift"(수소를 구성하는 전자의 에너지가 진공 에너지 요동

[fluctuation]과의 상호작용에 의해서 미세하게 변화하는 현상/역주)을 통해서 확인할 수 있다. 윌리스 램은 그런 사실을 발견한 공로로 1955년 노벨 물리학상을 받았다.

입자가 파동처럼 행동할 수 있도록 해주는 파동-입자 이중성은 우리에게 많은 것을 베푸는 선물이다. 파동의 중첩과 양자 무작위성에 또 한 가지의 요소가 더해지면, 이 모든 양자 세계에서 아마도 가장 기묘하다고 할 수 있는 결과가 나타난다. 아인슈타인이 보기에 그 특징은 너무나도 놀라운 것이어서, 도저히 진실일 수가 없었다. 그는 그것이 양자 이론이 잘못되고 불완전하다는 증거라고 믿었다. 바로 고립된 계의 각운동량angular momentum은 변할 수 없다는 각운동량 보존 법칙이다. 회전하는 피겨 스케이트 선수의 각운동량은 회전하는 속도에 회전축으로부터의 평균 거리를 곱한 양으로 결정된다. 그래서 스케이트 선수가 팔을 오므려서 회전축으로부터의 평균 거리가 짧아지게 만들면, 각운동량을 일정하게 유지하기 위해서 회전 속도가 더 빨라진다.

이런 사실이 다음과 같은 상황에서는 정말 기묘한 현상으로 이어진다. 런던의 실험실에 고립되어 있는 2개의 전자를 생각해보자. 전자는 스핀spin이라고 알려진 양자적인 성질을 가지고 있다. 간단하게 말해서 전자는 시계 방향이나 시계 반대 방향으로 회전하고 있다고 볼 수 있는 것이다. 스핀이 서로 완전하게 상쇄되어서 각운동량이 0인 상태는 두 가지 경우이다. 첫 번째 전자는 시계 방향으로 회전하고, 두 번째 전자는 시계 반대 방향으로 회전하거나, 아니면 첫 번째 전자가 시계 반대 방향으로 회전하고, 두 번째 전자가 시계 방향으로 회전하는 경우이다. 그러나 이 두 가지 가능성의 중첩 상태도 가능하다는 것을 잊지 말아야 한다. 이것이 핵심이다. 그래서 2개의 전자는 모두 시계 방향-시계 반대 방향과 시계 반대 방향-시계 방향이 될 수 있다.

이제 아무도 그 2개의 전자를 발견하지 않아서 2개의 전자가 두 가지 가능성의 기묘한 양자적 중첩 상태에 있다고 생각해보자. 이런 상태의 한 전자를 상자에 넣어서 시드니로 보내고, 그곳에서 상자를 열어보는 경우를 생각해보자. 전자는 시계 방향이나 시계 반대 방향으로 회전하고 있을 것이고, 그 결과는 동전을 던져서 앞이나 뒤가 나오는 경우처럼 무작위적일 것이다. 그러나 만약 전자가 시계 방향으로 회전하고 있다면, 두 전자의 각운동량의 합은 보존이 되어 0이 되어야 한다. 따라서 런던에 남겨진 전자는 시계 반대 방향으로 회전한다는 사실을 그 즉시 알 수 있게 된다. 그리고 만약 전자가 시계 반대 방향으로 회전하고 있다면, 런던에 남아 있는 전자는 시계 방향으로 회전하고 있다는 사실을 알 수 있다. 두 번째 전자를 넣은 상자를 우주의 반대쪽으로 옮겨가더라도 똑같은 일이 일어날 것이다. 다시 말해서, 전자들이 **즉각적으로** 서로에게 영향을 미치게 된다. 그런 일은 어떠한 신호도 빛보다 더 빠른 속도로 전달될 수 없다는 아인슈타인의 특수 상대성 이론에 완전히 어긋난다(특수 상대성 이론에 대해서는 제10장 참조). 아인슈타인이 그런 주장을 우스꽝스럽고, 양자 이론이 불완전하다는 것을 보여주는 증거라고 생각했던 것은 당연한 일이었다.

그러나 노벨상을 받은 프랑스의 물리학자 알랭 아스페가 1982년에 수행했던 실험을 시작으로 일부 실험들에서 양자적 입자들이 빛의 속도라는 우주적 제한 속도를 어기고 서로에게 영향을 미치는 것이 실제로 가능하다는 사실이 확인되었다. 다시 말해서 아인슈타인이 틀렸다. 즉각적인 영향을 뜻하는 비非국소성non-locality이 바로 양자 이론의 핵심이다.

입자와 파동은 근본적으로 양립할 수 없는 것처럼 보이지만, 양자장量子場 이론이라고 알려진 실재의 가장 좋은 모형에는 그런 개념이 처음부터 내재되어 있다. 양자장 이론에서는 모든 것이 장場으로 구성된다. 전자의 장도 있고, 광자의 장도 있다. 사실 모든 기본 입자에 대해서 장이 존재한다. 가장 단순한 형식으로 표현되는 장은 공간의 모든 위치에서 분명한 값을 가진다. 공간의 모든 위치에 있는 수직 스프링의 꼭대기에 있는 공을 생각해보자. 스프링은 위아래로 움직일 수 있고, 공의 높이가 바로 장의 값이 된다. 이제 스프링이 서로 고립되는 대신에 서로 연결되어 있어서 한 스프링의 진동이 이웃 스프링에 영향을 미친다고 상상해보자. 이런 장은 스프링 매트리스와 같은 특성을 가지게 된다.

이런 장 모형에서는 한 스프링의 진동이 이웃에 영향을 주고 그것이 다시 다른 이웃에게 영향을 미치면, 물결이 콩밭에서처럼 장을 가로질러서 전파되기 시작한다. 그런 물결이 바로 입자이다. 따라서 양자장 이론에서 입자는 근본적으로 파동이다.

한 가지 요소가 빠졌다. 스프링이 임의의 속도로 진동할 수는 없다. 스프링은 특정한 기준 속도와 그 속도의 2배, 3배 등으로만 진동할 수 있다. 이것이 바로 파동이 "양자화되어" 있다는 뜻이다. 양자 이론의 기본적인 관찰 중 하나가 바로 세상은 궁극적으로 알갱이로 되어 있다는 것이다. 에너지에서 전하에 이르는 모든 것이 더 이상 쪼갤 수 없는 덩어리인 양자로 되어 있다. 그래서 양자 이론이라는 이름이 붙었다!

양자장은 궁극적으로 세상이 무엇으로 구성되어 있는지를 알려준다. 물질은 원자로 구성되어 있다. 원자는 핵과 전자로 구성되어 있고, 핵은 양성자와 중성자로 구성되어 있다. 양성자와 중성자는 쿼크로 구성되어 있다. 그리고 쿼크와 전자는 장으로 구성되어 있다. 우리가 지금까지 알아낸 사실에 따르면, 양자장은 자연의 사다리 중에서 가장 아래쪽에 있는 가로대이다.

양자 이론의 놀라운 점은 처음 등장하고 한 세기 이상이 지나는 동안에도 양자 이론이 계속 우리를 놀래고, 얼떨떨하게 만들었다는 것이다. 중첩과 무작위성을 다른 요소와 결합시키는 과정에서 발생하는 다른 양자적 특성도 많고, 그 모든 것을 살펴보는 데에만 책 한 권이 필요할 정도이다. 그러나 완전하게 옳지는 않기 때문에 재검토가 필요한 미묘한 특성도 있다. 양자적 대상은 근원적으로 취약한 것은 아니다. 양자적 특성이 취약해 보이는 것은 그것이 너무 작아서 우리가 양자적 대상을 실제로 직접 관찰하지 못하기 때문이다. 그 대신 우리는 수백만 개의 원자로 구성된 양자적 대상이 감지기에 흔적을 남기도록 해서 관찰한다. 이와 마찬가지로 뇌도 개별적인 광자를 직접 보는 것은 아니다. 오히려 광자가 망막에 있는 수백만 개의 원자에 흔적을 남기고, 뇌는 그 흔적을 관찰하는 것이다. 우리는 절대 세상을 직접 관찰하지 않는다. 우리는 우리 자신을 관찰할 뿐이다. 그리고 양자적 특성은 많은 수의 원자에게 흔적을 남기는 과정에서 양자다움을 잃어버린다. 축구 경기장에서 속삭이는 소리가 군중의 고함에 묻히는 것과 마찬가지이다. 기술적으로 한 상태에 있는 100만 개 정도의 원자에 해당하는 양자 파동은 다른 상태에 있는 100만 개 정도의 원자에 해당하는 양자 파동과 겹치지 않는다. 그리고 파동이 겹치지 않으면, 양자다움을 가능하게 만들어주는 간섭이 일어날 수 없다. 파동이 서로 겹치지 않을 때 일관성을 잃어버렸다고 하고, 양자다움이 사라지는 과정을 결 흩어짐이라고 부르는 것도 그런 이유 때문이다.

그런 결과는 주위로부터 계속 고립되어 있는 양자적 대상은 일관성을 잃을 수 없기 때문에 양자적 상태로 유지된다는 뜻이기도 하다. 따라서 양자 이론은 작은 것에 대한 이론이 아니라 **고립된 것**에 대한 이론인 셈이다. 양자 이론이 매우 작은 규모에서 나타나는 것처럼 보이는 이유는 큰 대상보다 원자처럼 작은 것을 고립시키기가 더 쉽기 때문이다. 그러나 큰 대상을 주위로부터 고립시키는 것이 가능하다면, 그 대상도 역시 양자적으로 행동하게 된다. 그것이 바로 양자 컴퓨터를 만들기 위해서 노력하는 전 세계의 물리학자와 공학자들이 원하는 것이다.

여러분을 주위로부터 고립시키는 것은 불가능에 가까울 정도로 어려운 일이다. 그러나 그런 일이 가능하다면 여러분이 양자적 대상이 될 수도 있다. 여러분이 동시에 2개의 문을 걸어서 지나갈 수 있게 된다는 뜻이다!

8

원자

원자는 자연의 알파벳이어서, 배열을 달리하면
장미나 은하 그리고 신생아도 만들 수 있다

> "격변으로 모든 과학 지식이 파괴되고, 다음 세대에게
> 단 한 문장만 전해줄 수 있다면, 가장 적은 수의 단어로
> 가장 많은 정보를 담을 수 있는 문장은 무엇일까?
> '모든 것이 원자로 이루어져 있다.'"
> ─리처드 파인먼[30]

기원전 440년, 그리스의 철학자 데모크리토스가 돌 하나를 집어들었
다. 어쩌면 나뭇가지였을 수도 있다. 아니면 그릇 조각이었을 수도 있
다. 아무도 그것이 무엇이었는지는 정확하게 알지 못한다. 중요한 것
은 그가 다음과 같은 질문을 던졌다는 것이다. "내가 이것을 반으로
자르고, 다시 반으로 자르는 일을 영원히 계속할 수 있을까?" 데모크
리토스의 대답은 확실한 "아니다"였다. 그는 단순히 무엇을 점점 더
작은 조각으로 자르는 일을 무한히 반복할 수는 없다고 생각했다.
언젠가는 더 이상 반으로 자를 수 없게 되리라고 믿었던 것이다. 그

리스어로 더 이상 자를 수 없는 것은 "아토모스atomos"였기 때문에 그는 물질의 궁극적인 알갱이를 "아톰atom"(원자)이라고 불렀다.

그때는 원자의 존재에 대한 직접적인 증거가 등장하기 훨씬 전이었다. 그러나 세월이 흐르면서 간접적인 증거들이 누적되기 시작했다. 18세기에는 스위스의 수학자 다니엘 베르누이가 공기나 수증기와 같은 기체가 무작위적으로 이리저리 날아다니는 수없이 많은 원자로 구성되어 있다고 주장했다. 그런 기체를 용기에 넣어두면, 양철 지붕에 떨어지는 우박처럼 원자들이 용기의 벽을 끊임없이 두들기게 될 것이다. 이 원자들이 벽에 미치는 작은 힘이 우리의 엉성한 감각을 통해서 압력이라는 평균적인 힘으로 감지된다.

베르누이는 피스톤이라는 움직이는 벽을 가진 실린더를 생각하고, 기체의 부피가 절반이 되도록 압축하면 기체의 압력은 어떻게 될 것인가를 질문했다. 그는 벽에 충돌했던 원자가 반대쪽의 벽에 다시 충돌하기까지 날아가야 하는 거리가 절반으로 줄어들기 때문에 충돌 횟수가 2배로 늘어난다고 추정했다. 다시 말해서 기체의 부피를 절반으로 줄이면, 압력은 2배로 늘어난다는 것이다. 그것은 피스톤을 움직이지 못하게 붙잡고 있는 사람이라면 누구에게나 분명한 사실이 될 것이다. 그런 사람은 피스톤이 움직이지 못하도록 더 많은 힘을 써야 할 것이기 때문이다. 정확하게 똑같은 논리를 따라서, 부피를 3분의 1로 줄이면 압력은 3배가 될 것이다. 1662년에 아일랜드의 물리학자 로버트 보일의 정확한 관찰 덕분에 이 사실은 보일 법칙으로 불리게 되었다.

다음에 베르누이는 실린더에 있는 기체를 가열하는 경우를 생각했다. 열은 단순히 미시적인 움직임을 나타내는 것이기 때문에, 더 빠르게 움직이는 원자들이 피스톤에 더 큰 힘으로 더 자주 충돌하게 될 것이다. 결과적으로 기체의 압력은 올라간다. 실제 기체가 그런 성질을 가지고 있다는 사실이 다시 한번 정확하게 확인되었다. 1787년 프랑스의 과학자 자크 알렉상드르 세자르 샤를이 관찰한 이 사실은 샤를 법칙이라고 알려졌다.

베르누이의 업적은 기체가 성난 벌떼처럼 무작위로 날아다니는 수많은 원자로 구성되어 있다고 가정하면, 측정이 가능한 기체의 두 가지 성질을 예측할 수 있다는 것이었다. 실제로 기체에서 용기의 벽을 두드리는 것은 원자가 아니라 원자들의 결합으로 만들어진 분자이다. 예를 들면 수증기의 분자는 2개의 수소 원자가 1개의 산소 원자와 결합한 H_2O이다. 기체가 원자가 아닌 분자로 구성되어 있다고 해서 베르누이의 결론이 바뀌는 것은 아니었다.

19세기에는 스코틀랜드의 제임스 클러크 맥스웰과 오스트리아의 루트비히 볼츠만이 베르누이의 통찰력을 이용해서 기체를 구성하는 원자들의 통계적인 성질을 추정했다. 그러나 원자라는 아이디어는 계속해서 논란의 대상이 되었다. 볼츠만은 1906년 휴가 중에 스스로 목숨을 끊었다. 그의 주장에 대한 다른 과학자들의 적대감이 그의 우울증을 악화시켰을 수도 있다. 그가 사망하기 1년 전에 아인슈타인이 브라운 운동이라는 수수께끼 같은 현상을 설명함으로써 원자의 존재에 대한 가장 확실한 증거를 제시했다는 사실은 역설적이다.

1827년 현미경으로 물속에 떨어진 꽃가루를 관찰하던 스코틀랜드의 식물학자 로버트 브라운은 꽃가루가 무작위적으로 움직인다는 사실을 발견했다. 그러나 거의 한 세기 동안 아무도 꽃가루가 미친 듯이 춤을 추는 이유를 설명하지 못했다. 그러던 중 기적과도 같았던 1905년에 아인슈타인은 꽃가루 입자가 여러 방향에서 물 분자와 충돌한다고 추정했다. 그러는 과정에서 순간적으로 한쪽에서 충돌하는 분자의 수가 반대쪽에서 충돌하는 분자의 수보다 더 많아질 수도 있다. 꽃가루 입자가 불규칙적으로 움직이는 것은 그런 일이 반복되기 때문이다. 개별 꽃가루 입자를 많은 사람들이 운동장에서 무작위적인 방향으로 밀고 있는 거대한 공과 같다고 생각할 수 있다는 뜻이다.

아인슈타인은 브라운 운동을 설명하기 위한 수학 이론을 고안했다. 그의 설명은 3년 후 프랑스의 과학자 장 바티스트 페랭에 의해 사실로 확인되었다. 그는 꽃가루 입자 대신 캄보디아 나무에서 채취한 노란색 고무 수지인 자황雌黃 입자를 실험에 사용했다. 아인슈타인의 이론은 물 분자와 끊임없이 충돌하는 꽃가루 입자들이 평균적으로 얼마나 멀리, 얼마나 빨리 움직이는지를 알려주었다. 물 분자의 크기가 핵심이었다. 물 분자가 클수록 꽃가루 입자에 작용하는 힘의 불균형이 더 커질 것이고, 브라운 운동도 더 격렬해질 것이다. 페랭은 자황 입자의 관찰 결과로부터 물 분자와 그 구성 원자들의 크기를 추정했다. 그는 원자의 지름이 대략 100억 분의 1미터에 지나지 않을 것이라고 확신했다. 마침표의 폭을 채우려면 1,000만 개의 원자를 이어서 붙여야 하는 것도 그런 이유 때문이다.

페랭의 증명은 설득력이 있었지만 여전히 간접적인 것이었다. 원자의 존재에 대한 직접적인 증거는 1981년 취리히의 IBM에서 연구하던 게르트 비니히와 하인리히 로러가 주사 터널 현미경Scanning Tunnelling Microscope(STM)을 개발한 후에야 얻을 수 있었다. 기술적인 이름에도 불구하고 STM의 작동 원리는 매우 간단하다. 앞을 보지 못하는 사람이 다른 사람의 얼굴을 "보려면" 손가락으로 얼굴을 훑어보아야 한다. 마찬가지로 STM은 매우 정교한 금속 바늘을 이용해서 테이블과 같은 표면의 미시적 지형을 감지한다. 일상적인 진동으로부터 기기를 차단하기 위해서는 상당한 천재성과 영리함이 필요했다. 1986년 비니히와 로러가 노벨 물리학상을 받은 것도 그 덕분이었다.

두 물리학자는 STM 바늘의 상하 운동을 이미지로 변환시켜서, 원자들이 작은 축구공이나 상자 속에 쌓여 있는 소형 오렌지처럼 보이는 놀라운 결과를 얻었다. 그것은 거의 2,500년 전에 데모크리토스가 오로지 생각의 힘으로 알아냈던 결과와 똑같았다. 데모크리토스는 단순히 원자를 더 이상 쪼갤 수 없는 물질의 알갱이라고 생각하지는 않았다. 그는 원자가 제한된 수의 서로 다른 모양이나 형태를 가지고 있다고 추측했다. 그리고 그런 원자들을 서로 다른 방법으로 결합시키면 장미나 은하나 신생아가 만들어진다고 보았다. 모든 것이 그런 결합에서 비롯된다는 것이다. 데모크리토스에 따르면, 세상이 어리둥절할 정도로 복잡하다는 사실도 환상일 뿐이다. 그런 복잡성은 몇 가지 기본 구성 요소의 무한한 조합이 반영된 결과일 뿐이다.*

---

* 세상의 복잡성에는 단순함이 감춰져 있다는 발상은 과학의 원동력 중 하나였다.

18세기 말에 프랑스 과학자 앙투안 라부아지에는 금이나 은처럼 어떤 방법으로도 다른 물질로 변환시킬 수 없는, 한 가지 종류의 원자로 만들어진다고 추정되는 물질의 목록을 만들었다. 그가 작성한 원소적 물질에 해당하는 원소element들은 23종에 달했다. 그중에는 열을 내는 가상의 유체라고 믿었던 "칼로릭caloric"처럼 실제로 원소가 아닌 것도 포함되어 있었다. 오늘날 우리는 가장 가벼운 수소에서부터 가장 무거운 우라늄에 이르기까지 자연에 92종의 원소가 존재한다는 사실을 알고 있다. 그러나 당시에는 라부아지에의 기본적인 구성 단위 목록조차 지나치게 많다는 의견도 있었는데, 실제로는 데모크리토스가 생각했던 것보다도 훨씬 더 많았다.

원자가 훨씬 더 작은 것으로 구성되어 있다는 확실한 힌트를 찾아낸 사람은 한 시베리아의 화학자였다. 교과서를 저술하던 드미트리 멘델레예프는 원소의 특성에 규칙적인 패턴이 있다는 사실을 알게 되었다. 1869년에는 모두 67종의 원소가 알려져 있었다. 멘델레예프는 원소의 이름을 적은 카드를 원자량이 증가하는 순서에 따라서 수평으로 나열했다. 그는 화학적 성질을 포함해서 성질이 비슷한 원소들이 수직 방향의 행으로 나타난다는 놀라운 사실을 발견했다. 결국 원소의 성질은 주기적인 것으로 밝혀졌고, 그의 배열은 주기율표라고 불리게 되었다. 멘델레예프는 주기율표에서 빈칸으로 남아 있는 "미확인" 원소들의 성질을 예측할 수도 있었다. 그리고 그 원소들은

그것은 진리처럼 보이지만, 아무도 그 이유는 알지 못한다.

훗날 실제로 발견되었다. 그의 발견은 단순히 중요한 정도가 아니라 훨씬 더 심오한 의미를 담고 있었던 것이다.

자연 현상에서 확인되는 반복적인 패턴은 그 현상을 설명하는 더욱 단순하고, 더욱 압축적인 방법이 있다는 사실을 알려준다. 주기율표가 그랬다. 주기율표에서 발견되는 패턴은 67종의 서로 다른 원자들을 67종보다 훨씬 적은 수의 아원자 구성 요소로 설명할 수 있다는 힌트가 된다. 간단히 말해서, 원자의 내부에 또다른 구조가 존재한다는 뜻이다. 원자는 훨씬 더 적은 수의 입자들로 구성되는 것이 분명하다.

원자보다 더 작은 입자들 중에서 가장 먼저 모습을 드러낸 것은 1897년 영국의 물리학자 J. J. 톰슨에 의해서 발견된 전자였고, 그 다음이 1911년 뉴질랜드의 어니스트 러더퍼드가 발견한 원자핵이었다. 러더퍼드는 원자핵이 태양과 같은 역할을 하고, 전자가 행성처럼 그 주위를 공전한다는 사실을 처음 알아낸 사람이었다. 원자핵은 원자보다 10만 배나 더 작지만, 원자 질량의 99.9퍼센트를 차지한다. 원자핵이 믿을 수 없을 정도로 작다는 사실을 가장 잘 표현한 사람은 체코 출생의 영국 희곡작가 톰 스토파드였다. "주먹을 쥐어보자. 주먹이 원자의 핵과 같은 크기라면, 원자는 세인트폴 [성당]만큼 크다. 수소 원자에서 하나의 전자는 텅 빈 성당에서 천장과 제단 위를 날아다니는 한 마리의 나방과 같다."[31]

원자핵에는 양성자가 들어 있다. 이 입자는 전자보다 거의 2,000배나 더 무겁고, 전자의 전하와 크기는 같지만 부호가 반대인 양전하를 가지고 있다. 원자 중에서 가장 가벼운 수소는 원자핵에 들어 있는 양성자 하나의 양전하가 멀리서 홀로 공전하는 전자의 음전하와 정확하게 균형을 이루고 있다. 수소 원자가 깨지지 않도록 만들어주는 것은 서로 다른 전하를 가진 입자들 사이에 작용하는 인력이다. 원자핵을 구성하는 양성자는 언제나 같은 수의 공전하는 전자와 균형을 이룬다.

예를 들면 탄소나 우라늄의 원자를 수소 원자와 구별할 수 있도록 해주는 핵심은 원자핵에 들어 있는 양성자의 수 또는 그와 같은 전자의 수이다. 수소는 양성자와 전자가 각각 1개이지만, 탄소는 각각 6개이다. 반면에 우라늄 원자핵은 92개의 양성자가 그 주위를 돌고 있는 92개의 전자가 만들어낸 안개의 중심에 자리를 잡고 있다.

사실 수소를 제외한 모든 원자핵 안에는 중성자라는 입자도 있다. 중성자는 1932년 영국의 물리학자 제임스 채드윅이 발견했다. 중성자는 양성자와 질량은 거의 같지만, 전하를 가지고 있지 않아서 원자의 성질에는 큰 영향을 주지 않는다. 원자의 성질은 거의 전적으로 전자에 의해서 결정된다.

19세기의 고전 물리학에 따르면, 원자에서 공전하는 전자는 작은 무선 발신기처럼 전자기파를 방출하면서 에너지를 잃고 1억 분의 1초 이내에 원자핵으로 들어가야 한다. 물론 우리 주변의 세상을 이루고 있는 원자들은 상당히 안정적이기 때문에 실제로 그런 일은 일어나지 않는다. 20세기 초에 발견되었듯이, 전자는 특별한 파동의 성질을 가지고 있어서 원자핵으로 끌려들지 않게 된다. 전자는 고전 물리학이 아니라 양자물리학에 맞춰 춤을 춘다. 그리고 전자를 나타내는 양자 파동은 기본적으로 넓게 퍼져 있어서 원자핵의 작은 부피 속으로 밀어넣을 수도 없다(양자 이론에 대해서는 제7장 참조).

전자의 파동적인 특성이 전자가 핵으로 들어가지 않고 안정한 상태의 원자로 존재할 수 있도록 해준다는 사실은 설명해주지만, 원자에 들어 있는 전자들이 왜 모두 같은 궤도를 따라서 원자핵 주위를 돌지 않는지는 여전히 수수께끼이다. 원자와 세상의 상호작용은 원자에 들어 있는 전자를 통해서 이루어진다. 원자가 다른 원자의 전자와 상호작용하면서 다른 원자와 어떻게 결합하게 되는지가 화학은 물론이고 전기와 열을 전달하는 방식과 같은 원자의 성질을 결정한다. 원자에 들어 있는 모든 전자가 하나의 궤도에 들어간다면, 모든 원자가 똑같은 접촉 장치를 통해서 세상과 상호작용하게 될 것이다. 결국 모든 원자들이 똑같은 성질을 가지게 되고, 92종의 서로 다른 원소가 아니라 오로지 한 종류의 원소만 존재하게 된다. 간단히 말해서 세상에서 다양성이나 복잡성이 사라지는 것이다.

92종의 원자들이 서로 다른 특성을 가진 것은 오스트리아의 물리학자 볼프강 파울리가 정립한 파울리 배타排他 원리Pauli Exclusion Principle 덕분이다. 이 양자 칙령에 따르면, 2개의 똑같은 전자는 동일한 궤도를 공유할 수 없다. 원자는 3차원의 사물이고, 전자의 궤도는 원자핵으로부터의 거리뿐만 아니라 공간에서 궤도의 방향에 의해서도 설명된다. 지구에서의 위치를 경도와 위도라는 두 가지 숫자만으로 나타낼 수 있는 것처럼, 전자의 궤도를 설명하는 데에도 두 가지 숫자가 필요하다. 그래서 원자핵으로부터 전자까지의 거리를 포함해서 모두 세 가지의 양자수quantum number를 사용해야 한다. 그런데 사실 전자가 서로 다를 수 있도록 해주는 스핀이라는 네 번째 성질도 있다. 이것은 단순하게 말하면, 전자가 시계 방향으로 회전하느냐, 시계 반대 방향으로 회전하느냐이다.

파울리 배타 원리 때문에 전자는 원자핵으로부터 점점 더 먼 거리에 있는 "껍질shell"에 배열된다. 첫 번째 껍질은 최대 2개의 전자가 들어가고, 두 번째 껍질에는 8개, 다음에는 18개의 전자가 들어간다. 예를 들면 이렇다. 6개의 전자를 가진 원자(탄소[C]/역주)는 가장 안쪽의 껍질에 2개의 전자가 들어가고, 그 바깥의 껍질에 4개의 전자가 들어간다. 12개의 전자를 가진 원자(마그네슘[Mg]/역주)에서는 가장 안쪽 껍질에 2개, 다음 껍질에 8개, 그리고 가장 바깥 껍질에 2개가 들어간다. 이로써 리튬, 소듐, 포타슘처럼 어떤 원자들이 비슷한 성질을 가지게 되는지가 분명해진다. 이 원자들은 모두 가장 바깥의 껍질에 1개의 전자를 가지기 때문에 똑같은 방식으로 외부 세계와 상호작용한다. 그것이 바로 멘델레예프 주기율표에서 규칙적인 패턴이 나타나는 이유이다.

파울리 배타 원리는 모든 전자가 하나의 같은 궤도에 쌓이는 것을 막아준다. 세상에 하나가 아니라 대략 92종의 천연 원소가 존재하는 것도 그런 이유 때문이다. 세상에 다양성이 존재하고, 여러분이 이 책을 읽을 수 있는 것도 마찬가지의 이유 때문이다.

적은 수의 기본 구성 요소들의 서로 다른 배열이 세상의 다양성을 설명해준다는 데모크리토스의 꿈은 원자의 발견으로 실현되었다. 그러나 원자보다 더 작은 원자핵과 전자가 존재한다는 사실은, 데모크리토스가 상상했듯이 원자가 더 이상 쪼갤 수 없는 알갱이는 아니라는 뜻이었다. 그리고 놀랍게도 우리는 자연의 더 이상 쪼갤 수 없는 알갱이들을 발견했다. 믿기 어렵겠지만 그런 알갱이는 업 쿼크, 다운 쿼크, 전자 이렇게 세 가지뿐이다(표준모형에 대해서는 제15장을 참조). 사실 양성자는 2개의 업 쿼크와 1개의 다운 쿼크로 만들어진 복합 입자이고, 중성자는 2개의 다운 쿼크와 1개의 업 쿼크로 이루어진 복합 입자이다. 놀랍게도 우주의 모든 다양성은 이 세 가지 기본 구성 요소의 배열permutation에 의해서 나타나는 결과이다. 결국 2,000여 년 전에 실재의 궁극적인 본질을 알고 싶어했던 데모크리토스가 옳았던 셈이다.

9

진화론

식량 자원이 제한될 때 어떤 유기체가 경쟁에서
성공적으로 살아남아 후손을 남기도록 해주는 특성은
다음 세대에서 더 흔하게 나타난다

"환경은 생존율을 높이는 드문 돌연변이를 선택해서
한 종류의 생명을 다른 종류의 생명으로 천천히
변화시키는데, 이것이 새로운 종의 기원이다."
—칼 세이건

경주마가 경주에서 빨리 달리기를 잘하는 이유는 무엇일까? 그것은
사육사가 집단에서 가장 빠른 말을 골라서 서로 교배시키기 때문이
다. 사육사는 계속해서 그 과정을 반복한다. 어떤 생물이 환경에서
잘 생존하는 이유는 무엇일까? 그 이유가 매우 비슷하다는 사실을
발견한 것이 찰스 다윈의 천재성이었다. 인간이 달리기 속도를 근거
로 **인공적으로** 말을 선택하는 것과 마찬가지로, 무엇인가가 환경에서
의 생존 가능성을 근거로 **자연적으로** 야생 생물을 선택한다.

자연선택을 하는 이유는 믿을 수 없을 정도로 단순하다. 생물은 얼

을 수 있는 식량을 이용해서 유지할 수 없을 정도로 많은 후손을 남긴다. 다른 경쟁자들을 물리치고 식량을 확보하는 것을 돕는 특성을 가진 개체가 살아남아서 후손을 남기고, 다음 세대에게 그런 특성을 물려주게 된다.

다윈은 비글 호의 자연학자로서 5년간 항해를 한 후에 그런 아이디어를 떠올렸다. 1831년에서 1836년 사이에 남아메리카를 돌아서 항해하던 그는 자연에 대한 놀라운 사실을 관찰했다. 특히 그는 갈라파고스 군도의 서로 다른 섬에 서식하는 핀치의 부리 모양이 다르다는 사실에 주목했다. 새의 부리는 그 섬의 견과류와 씨앗을 찾아 먹기에 완벽한 모양을 갖추고 있었다. 큰 견과류가 많은 섬에 서식하는 새는 견과류를 쉽게 깰 수 있도록 부리가 짧고 뭉툭했다. 작은 씨앗만 먹을 수 있는 섬에 서식하는 새는 부리가 가느다랬다.

갈라파고스 섬의 새와 동물이 자신들의 식량 자원에 잘 적응하게 된 이유는 무엇일까? 이곳의 생물이 1,000킬로미터나 떨어진 남아메리카 본토에서 흔한 생물의 사소한 변종에 지나지 않는다는 다윈의 깨달음으로부터 그 의문에 대한 답이 시작되었다. 섬의 생물은 멀리 떨어진 대륙에서 시작된 것이 분명했다. 그러나 가까이에 있는 대륙에서 쉽게 섬으로 옮겨가서 정착할 수 있었을 법한 동물들은 찾아볼 수 없었다. 아무도 예상하지 못한 바람과 해류 때문에 생물 중 극히 일부가 성공적으로 바다를 건넜을 것이다. 그들이 도달했을 때 고작 수백만 년 전에 바다 밑에서 솟아오른 화산섬인 갈라파고스 섬은 텅 비어 있었을 것이다. 그들은 흩어져서 섬에 있는 모든 공간을 채워나가기 시작했다. 예를 들면 한 종류의 핀치가 군도 곳곳으로 퍼져 나갔고, 각각의 섬에서 찾을 수 있는 식량을 활용하기에 적절한 종류 의 부리를 가지도록 진화했을 것이다.

비글 호의 다윈은 무엇이 종의 변화를 일으켜서 환경에 완벽하게 적응하도록 만들었는지 알지 못했다. 그러나 고작 스물일곱 살의 나 이에 영국으로 돌아와서 자신이 작성한 갈라파고스 노트를 살펴보던 다윈은 점차 자신의 관찰에 대한 숨이 멎을 정도로 단순한 설명이 가 능하다는 사실을 깨닫게 되었다. 언제나 동물은 많은 수의 새끼를 낳 고, 식물은 엄청나게 많은 씨앗을 맺는다. 그러나 식량은 그 많은 후 손을 먹여 살릴 만큼 충분하지 않았기 때문에 대부분의 후손은 굶어 죽을 수밖에 없었다. 다윈은 치열한 경쟁을 통해서 식량을 가장 잘 확보할 수 있는 특성을 가진 후손들만 살아남아 번식하게 된다는 사 실을 깨달았다. 그리고 다음 세대가 그런 특성을 물려받는다. 그렇게 세월이 흐르면 집단에 도움이 되는 특성을 가진 개체의 비율이 늘어 나고, 생존을 보장하지 못하는 특성을 가진 개체는 도태된다.

바로 이것이었다. 자연선택에 의한 진화. 아이디어가 너무 단순해 서 다윈의 친구이자 대변인이던 토머스 헉슬리조차 "그런 생각을 해 보지 못했다니 얼마나 어리석었나"라고 한탄했다. 물론 어지러울 정 도로 복잡한 자연 세계를 단지 스쳐지나듯 살펴보면서, 조용하게 그 런 복잡성을 탄생시키는 자연의 단순한 메커니즘을 발견하는 일에는 천재성이 필요한 법이었다.

생물학자이면서 저술가인 리처드 도킨스는 자연선택에 의한 진화를 "과학 역사상 가장 위대한 아이디어"라고 부른다. 진화론이 그렇게 위대한 아이디어인 이유는 "설계의 환상illusion of design"을 불러일으키는 갈라파고스 핀치의 특화된 부리와 같은 복잡한 특성들을 설명하는 완벽한 자연적 메커니즘을 제공하기 때문이다. 그러나 도킨스는 "설계의 환상은 놀라울 정도로 성공적이어서 오늘날까지도 (영향력 있고 부유한 미국인을 포함한) 미국인들은 고집스럽게 그것이 환상이라는 사실을 믿고 싶어하지 않는다"라고 비웃었다.[32]

자연선택에 의한 진화론은 신神이 살아 있는 모든 생물을 최종적으로 창조했다는 교회의 가르침에 정면으로 위배되는 것이었다. 다윈은 자신의 선동적인 아이디어를 20여 년 동안 공개할 수 없었다. 인도네시아와 말레이시아에서 자연을 관찰하던 앨프리드 러셀 월리스라는 사람이 정확하게 똑같은 통일 이론을 알아냈다는 소식을 들은 1858년에야 그는 집필을 시작했다. 1859년에 완성된 그 결과가 바로 뉴턴의 『프린키피아』와 함께 과학의 역사에서 가장 중요한 성과로 알려진 책인 『종의 기원Origin of Species』이다.[33]

다윈에 따르면 오늘날 지구상에 사는 모든 생명은 공통의 조상에 해당하는 유기체로부터 엄청난 세월에 걸친 자연선택의 과정을 통해 진화해온 것이다. 이 아이디어는 일회적 사건에 의한 창조라는 성서의 기록은 물론이고, 인간은 신의 형상대로 창조되었다는 교회의 주장에도 어긋나는 것이었다. 다윈에 따르면, 인간은 동물의 하나일 뿐이었다. 윈스턴 처칠은 "돼지가 눈으로 우리를 볼 때 그는 자신과 똑같은 상대를 보고 있다고 생각한다"라고 말한 것으로 알려져 있다.

종은 인간의 수명 동안에는 바뀌지 않는다. 다윈은 자연선택에 의한 진화를 거쳐서 오늘날 지구에 사는 어리둥절할 정도로 다양한 유기체들이 등장하기까지는, 수십억 년은 아니더라도 수억 년에 이르는 긴 세월이 필요하다는 사실을 알고 있었다. 그렇지만 자연선택에 의한 진화의 증거를 직접 확인하는 것은 가능하다. 영국 북부의 산업지대에서는 도심의 나무가 공장 굴뚝에서 배출되는 검댕에 의해서 검게 변한다. 옅은 색의 회색 가지 나방peppered moth은 확연히 드러나기 때문에 새에게 쉽게 잡아 먹힌다. 결과적으로 나방은 살아남기 위해서 점진적으로 더 진한 색깔로 위장하게 되었다. 1811년에는 그런 개체를 볼 수 없었지만, 1895년에는 98퍼센트의 회색 가지 나방이 짙은 색깔을 띠고 있었다.

더욱 빨라진 바이러스와 박테리아의 세상에서도 다윈의 이론이 작동하는 모습을 확인할 수 있다. 2019년 이후 세계는 팬데믹을 일으킨 SARS-CoV-2 바이러스(코로나 19[COVID-19]를 일으키는 코로나 바이러스의 공식 이름/역주)가 사람들에게 더욱 빠른 속도로 퍼지면서 치명적인 다윈식 군비 경쟁으로 다른 변이들을 추월하는 모습을 목격했다. 시간이 지나면 항생제의 효과가 떨어지는 이유도 박테리아의 군비 경쟁과 비슷한 설명이 가능하다. 항생제가 사람을 감염시키는 박테리아를 죽이더라도 필연적으로 일부 박테리아는 생존할 수 있는 특성이 있을 것이다. 따라서 세대가 지날 때마다 항생제에 내성을 가진 박테리아의 비중이 늘어나게 되고, 결국에는 항생제가 거의 쓸모없어진다.

자연선택에 의한 진화가 이미 사망한 사람들까지도 상상을 초월할 만큼의 엄청난 비용을 치르게 한 경우도 있었다. 16세기에 아메리카를 침략한 스페인의 정복자들은 자연 면역력이 없었던 아즈텍과 잉카 사람들에게 홍역과 천연두와 같은 질병을 옮겼다. 정복자들은 면역력을 가지고 있었다. 유럽에서는 이미 수백 년간 수천만 명에 이르는 사람들이 그런 질병으로 목숨을 잃어왔고, 그들은 어느 정도의 면역력을 가져서 살아남을 수 있었던 사람들의 후손이었기 때문이다. 미국의 생물학자 루이스 토머스는 "진화는 무한히 길고 지루한 게임이고, 오직 승자만이 경기를 계속할 수 있을 뿐"이라고 말했다.[34]

다윈은 자연선택에 의한 진화를 주장하는 자신의 이론이 교회의 가르침에 어긋난다는 사실을 알고 있었을 뿐만 아니라, 두 가지의 핵심적인 요소를 찾아내지 못한 상태에서 자신의 이론을 발표했기 때문에 사람들로부터 용감하다는 평가를 받았다. 하나는 변이의 메커니즘이었다. 무엇이 자연선택이 작용하는 다양한 새로운 형질들을 만들어낼까? 다른 하나는 유전의 메커니즘이었다.

다윈은 부모가 가지고 있는 정보가 후손의 몸에서 일종의 유체fluid를 통해서 섞이고, 다음 세대로 전해진다고 생각했다. 그러나 붉은 페인트가 흰 페인트와 섞이면 분홍색 페인트가 되면서 붉은색과 흰색은 영원히 사라지듯이, 유체에서 형질 정보가 서로 섞이는 과정에서 어떤 정보는 영원히 사라질 것이다. 결과적으로 우리는 푸른색과 갈색이 혼합된 눈을 가진 사람만 보게 되고, 푸른 눈이나 갈색 눈을 가진 사람은 절대 볼 수 없게 된다. 이렇게 생물학적인 유체가 계속

섞이게 되면, 시간이 지나면서 집단에 속한 모든 생물들이 서로 비슷해져야 한다. 물론 그런 일은 절대 일어나지 않는다.

당시의 다윈은 알지 못했던 유전의 메커니즘은 성 아우구스티누스 수도원이 있는 오늘날 체코의 도시 브르노의 한 수도사에 의해서 밝혀졌다. 그레고어 멘델은 1856년부터 1863년까지 다양한 종류의 완두콩을 교잡하는 실험을 통해서 형질이 온전한 형태로 유전된다는 사실을 밝혀냈다. 예를 들면, 보라색 꽃이 피는 완두콩을 흰 꽃이 피는 완두콩과 교배시키면, 연보라색 꽃이 피는 완두콩이 아니라 흰 꽃과 보라색 꽃이 피는 완두콩이 예측 가능한 비율로 나타났다. 멘델은 각각의 부모로부터 하나씩 똑같이 유전되는 형질이 있고, 어떤 형질이 다른 형질보다 더 많이 나타나기도 한다는 사실을 발견했다. 여기에서 핵심은 형질은 서로 섞일 수 있는 연속적인 유체가 아니라, 절대 나눠질 수 없는 불연속적인 입자로 유전된다는 것이었다. 멘델이 발견한 것은 훗날 유전자gene로 불리게 되었다. 멘델은 다윈이 풀지 못했던 핵심적인 퍼즐 조각을 풀었고, 다윈은 멘델이 풀지 못했던 핵심적인 퍼즐 조각을 풀었다. 영국의 생물학자 스티브 존스는 이렇게 말하기도 했다. "멘델과 다윈은 완벽한 커플이었다. 흔히 완벽한 커플들이 그렇듯이 그들이 서로 만나지 못했던 것은 안타까운 일이다."[35]

1866년 멘델은 「브르노 자연사학회지Verhandlungen des naturforschenden Vereins Brünn」에 자신의 관찰 결과를 발표했다. 그러나 그 학술지는 유명하지 않았기 때문에 그의 연구 결과를 실질적으로 널리 알려지는 못했다. 그의 논문은 1900년이 되어서야 다시 알려지게 되었다. 그후 미국의 생물학자 토머스 헌트 모건이 초파리의 교배 실험을 통해서 초파리도 멘델의 완두콩과 비슷한 패턴으로 형질이 유전된다는 사실을 관찰했다. 심지어 그는 형질의 유전을 가능하게 만드는 유전자라는 물질적 요소가 염색체chromosome라는 작은 끈 모양의 구조 안에 들어 있다는 사실도 밝혀냈다. 유전학이라는 새로운 과학이 탄생한 것이다.

유전의 구체적인 내용은 20세기의 후반이 되어서야 밝혀졌다. 모든 생명의 구성 요소인 생물학의 원자는 작은 분자 기계로 가득 차 있는 작고 흐물흐물한 주머니인 세포cell이다. 모든 세포의 중심에는 미니 세포인 핵이 있는데, 여기에는 간단히 DNA라고 부르는 디옥시리보핵산이라는 거대한 분자로 만들어진 염색체가 들어 있다. DNA 분자는 2개의 나선형 사다리가 서로 엉켜 있는 것처럼 보인다. 이중나선 구조의 중심을 이루는 근간은 염기라고 부르고, 이것은 서로 짝으로 연결되는 아데닌(A), 구아닌(G), 시토신(C), 티민(T)이라는 네가지 종류의 분자로 구성되어 있다. A, G, C, T는 유전 암호의 4개의 "글자"이다.[36] 3개의 염기들이 모여서 특정한 아미노산을 만드는 암호가 된다. 그리고 아미노산은 생물의 화학 반응을 가속시키고, 눈에서 햇빛을 감지하는 것에서부터 몸을 단단하게 유지하는 골격을 만드는 일까지 모든 생물학적 임무를 수행하는 단백질의 구성 단위이다.

사실 유전자는 DNA에서 단백질을 합성하는 암호를 담고 있는 작은 부분이다. 그리고 바로 여기에 멘델의 관찰 결과와 연결되는 지점

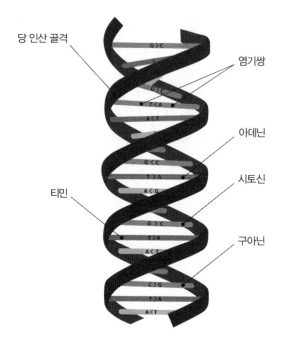

DNA의 이중나선 사다리 아데닌(A), 구아닌(G), 시토신(C), 티민(T)과 같이 "염기"라고 불리는 네 가지 종류의 분자가 쌍으로 연결된다. A, G, C, T는 유전 암호를 구성하는 "글자"이다. 3개의 글자가 단백질의 구성 단위인 특정한 아미노산을 뜻하는 암호 역할을 한다.

이 있다. 멘델이 유전된다고 확인했던 형질은 유전자와 관련된 것이다. 예를 들면 특정한 유전자가 완두콩이 주름지거나 매끈하게 자라도록 하는 단백질을 만든다.

DNA는 유전의 메커니즘뿐만 아니라 변종의 메커니즘도 설명해준다. 후손이 부모로부터 형질을 유전받기 위해서는 부모의 DNA를 복제해야 한다. 인간의 DNA의 경우 30억 개의 글자가 충실하게 복제되어야 한다. 그러나 복제의 과정에서 어쩔 수 없이 오류가 발생하기도 한다. 사실 10억 개의 염기 쌍을 전사傳寫,trascript할 때마다 평균적으로 1개의 오류가 발생하기 때문에, 전사의 전체 과정에서는 수없이 많은 오류가 발생한다. 글자 하나가 잘못 복사될 수도 있고, DNA의 염기 서열이 부분적으로 지워지거나 반복될 수도 있다. 자외선, 바이러스, 발암 물질, 방사선 등에 의해서 유전자가 변형되어 돌연변이가 발생할 수도 있다.

아버지와 어머니가 여러분에게 똑같은 유전자를 물려주지만, 각자의 가계에서 발생하는 무작위적인 돌연변이에 의해서 유전자의 내용이 서로 달라질 수 있다. 대립형질allele이라고 불리는 이러한 변이가 다양한 차이를 만들어낼 수 있다. 예를 들면 머리카락의 색깔을 결정하는 유전자가 있다. 어머니로부터 물려받은 유전자는 머리카락을 붉은색으로 만들 수도 있고, 흑갈색으로 만들 수도 있다. 두 유전자 중 어느 것이 여러분의 머리카락에서 "발현될" 것인지는 어느 유전자가 우성이고, 어느 유전자가 열성인지에 따라서 결정된다.

유전자의 대립형질이 우성이나 열성이 되는 이유는 다양하다. 모든 것이 특정한 유전자에 따라서 달라진다. 어머니와 아버지에게서 물려받는 각각의 대립형질은 서로 조금씩 다른 단백질을 만들어낼 것이다. 그런데 어느 단백질이 다른 단백질보다 우세해질 수 있다. 가장 간단한 상황은 한 가지 대립형질이 부서진 단백질을 만드는 것이다. 부서진 단백질은 아무 일도 하지 못하기 때문에 정상적으로 작동하는 단백질이 우성이 된다. 붉은 머리카락이 열성 대립형질의 가장 좋은 예이다. 보통 머리카락이나 피부에는 붉은 색소를 제거하는 일을 하는 MC1R이라는 단백질이 있다. 그런데 이 단백질이 작동하지 않으면 붉은 색소가 증가해서 붉은 머리카락이 나타나게 된다.

어머니나 아버지로부터 각각 서로 다른 유전자를 물려받기 때문에 일부 형질은 어머니로부터 물려받고, 일부 형질은 아버지로부터 물려받는다. 확실한 조합은 두 꾸러미의 카드를 서로 섞는 것처럼 무작위적이다. 성性은 후손의 새로움을 극대화시킨다.

결국 다윈의 자연선택에 의한 진화 이론은 우리에게 지구상의 모든 세포가 대략 40억 년 전에 등장했던 공통의 조상으로부터 자연선택의 과정을 통해서 갈라졌다는 사실을 알려준다. 이 최초의 세포는 "마지막 보편적 공통 조상last universal common ancestor"이라는 뜻에서 LUCA라고 부른다. 가장 단순한 세포라고 하더라도 고도로 복잡한 생물학적 기계 장치이기 때문에, 그 세포가 어떻게 등장했는지는 정확하게 알지 못한다. 시간이 흐르면서 유전자의 오류와 돌연변이가 일정한 속도로 축적된다. 그래서 한 생물종이 두 번째 생물종보다 특정 유전자에 대해서 2배만큼의 돌연변이를 가지고 있다면, 그 생물종은 2배 오래 전의 공통 조상으로부터 분리되었다고 말할 수 있다. 다윈이 최초로 고안한 현대적 생명의 나무는 이렇게 설계되었다. 그러나 박테리아는 자신의 후손에게 DNA를 물려줄 뿐만 아니라, DNA를 서로 교환하는 불편한 능력도 가지고 있다. LUCA에 가까이 있는 생명의 나무는 나무라기보다 뚫고 들어갈 수 없을 정도로 우거진 덤불에 더 가깝다는 뜻이다.

물리학에서는 블랙홀로 빨려 들어가는 물질이 돌아올 수 없게 되는 지점을 블랙홀의 사건의 지평선event horizon이라고 한다(블랙홀에 대해서는 제14장 참조). 사건의 지평선이 블랙홀을 가려버리기 때문에 그 내부의 어떤 것도 볼 수 없게 된다. 마찬가지로 생물학자들은 그 너머에 대해서 아무것도 알아낼 수 없는 생물학적 사건의 지평선이 있다고 말한다. 불행하게도 그것이 바로 LUCA이다.

10

특수 상대성 이론

빛은 따라잡을 수 없다

"우리 이론에서 빛의 속도는 물리적으로
무한히 빠른 것과 마찬가지이다."
—알베르트 아인슈타인, 1905[37]

빛은 아무도 따라잡을 수 없다. 광선을 따라서 달려가면 어떤 모습을 보게 될지를 생각하던 열여섯 살의 알베르트 아인슈타인이 내린 결론이었다. 그가 이런 모습을 생각할 수 있었던 것은 제임스 클러크 맥스웰이 고안한 이론 때문이었다. 이 스코틀랜드의 물리학자는 1863년에 전기와 자기와 빛 사이에 아무도 예상하지 못한 놀라운 관계가 있다는 사실을 발견했다. 눈에 보이지 않는 전기장과 자기장을 통해서 공간에서 물결처럼 퍼져나가는 파동이 바로 빛이라는 사실이었다(전기에 대해서는 제2장 참조). 아인슈타인은 아무리 빨리 달려가도 따라잡을 수 없는 전자기파는 바다에서 얼어붙어 움직이지 않는 파도처럼 보일 것이라고 생각했다. 그러나 맥스웰의 이론에 따르

118

면 그런 정지파는 존재할 수 없다. 빛을 따라잡는 것은 존재할 수 없는 것이 존재한다는 뜻이었다. 결국 아인슈타인은 빛을 따라잡는 것은 불가능하다는 결론을 얻었다. 진공에서 빛을 따라잡을 수 없다는 사실은 공간과 시간에 관해서 세상을 깜짝 놀라게 했던 우리의 가장 소중한 아이디어로 이어졌다. 그 결과는 몇 년 후에 아인슈타인의 "기적의 해"로 알려진 1905년에 밝혀졌다.

만약 빛이 따라잡을 수 없는 것이라면, 빛은 실질적으로 우리 우주에서 무한한 속도로 움직이는 역할을 하게 된다. 무한은 상상할 수 있는 어떤 숫자보다 커서 절대 도달할 수 없는 것이기 때문이다. 그러나 무한한 속도로 움직이는 빛은 따라잡을 수 없을 뿐만 아니라, 그런 빛의 속도는 측정하는 사람이 움직이는 속도와 상관없이 언제나 무한한 값으로 측정될 것이다. 관찰자의 속도는 상대적으로 무시할 수 있을 정도로 느리기 때문이다. 따라서 빛의 속도는 광원이나 관찰자의 속도와 상관없이 언제나 일정하고, 똑같아 보인다.

속도는 정해진 시간 동안 움직이는 거리로 정의되기 때문에 빛의 속도를 측정하는 사람이 모두 똑같은 결과를 얻으려면 거리와 시간을 측정하는 과정에서 이상한 일이 일어나야 한다. 철길 옆에 서서 일정한 속도로 지나가는 기차를 바라보고 있다고 생각해보자. 기차에는 단순한 시계가 실려 있다. 기차의 바닥에서 천장을 향해 수직 방향으로 발사되는 레이저 광선이 천장에서 반사되어 다시 바닥으로 돌아온다. 레이저 광선이 위아래로 움직이는 시간을 시계의 째깍거림이라고 생각해보자. 그리고 기차가 투명해서 철길 옆에 서 있는 사람이 기차에 실려 있는 시계를 볼 수 있다고 가정해보자. 그리고 기차는 빛의 속도에 상당히 가까운 속도로 움직이고 있다(이런 사고思考 실험[오로 지 이론만을 근거로 실제 실험실에서 일어나게 될 일을 상상해서 그 결과를 예 측해서 분석하는 실험/역주]은 실제 세계를 직접 나타내지는 않는다! 오 히려 그런 실험은 자연이 가장 근본적인 수준에서는 어떻게 작동하 는지를 보여주기 위해서 설계된 것이다).

철길 옆에 서 있는 관찰자에게는 수직 방향의 위아래로 움직이는 레이저 광선이 상당히 다르게 보일 것이다. 빛이 천장을 향해서 날아 가는 동안에 기차는 앞으로 움직이기 때문이다. 따라서 빛은 예상보 다 더 뒤쪽 천장에 도달하게 된다. 마찬가지로 빛이 다시 바닥으로 되돌아올 때도 기차는 앞으로 움직일 것이고, 따라서 빛은 레이저가 있는 곳보다 더 뒤쪽에 도달하게 된다. 결국 관찰자는 빛이 직선으로 올라갔다가 내려오지 않고 더 긴 경로를 따라 움직인다고 생각하게 된다. 다시 말해서 기차 바깥에 있는 관찰자에게는 시계의 째깍거림 이 더 길어진 것으로 보인다.

이런 사고 실험은 의도적으로 고안된 것이다. 그러나 일정한 속도 로 옆을 지나가는 관찰자에게는 시간이 더 느리게 흐르는 것처럼 보 인다는 심오한 진실을 보여준다. 공간적인 거리도 움직이는 방향으 로 줄어드는 것처럼 보이지만, 이 사실은 시각화하기가 더 어렵다. 나의 시간은 여러분의 시간과 똑같지 않다는 뜻이다. 마찬가지로 나 의 공간도 여러분의 공간과 같지 않다. 이런 교묘한 우주적 음모를 통해서 자연은 우주에 사는 모든 사람이 빛의 속도를 똑같은 값으로

빛

기차 승객의 관점

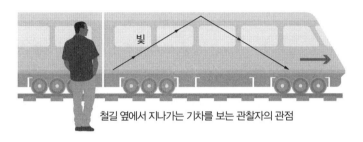

빛

철길 옆에서 지나가는 기차를 보는 관찰자의 관점

기차의 천장에서 반사되는 빛이 "시계"의 역할을 한다. 철길 옆에 서 있는 관찰자(아래)에게는 빛이 기차의 승객(위)이 보는 것보다 더 긴 경로를 따라 움직이는 것으로 보이기 때문에 빛이 기차 승객이 보는 것보다 더 느려진 것처럼 보인다.

측정하게 만든다. 뒷배경에서 째깍거리는 보편적 시계의 "절대" 시간은 존재하지 않는다. 마찬가지로 절대 공간도 존재하지 않는다. 사물을 측정하는 우주적 캔버스도 없다. 모든 것은 관찰자와의 상대적인 속도에 따라서 달라진다. 그래서 아인슈타인의 이론에는 "상대성"이라는 이름이 붙었다. 빛의 속도는 시간과 공간, 그리고 움직이는 모래로 이루어진 우주를 만드는 주춧돌인 것으로 밝혀졌다.

일정한 속도로 관찰자의 옆을 지나가는 사람의 시간이 겉보기에 느려지는 것처럼 보이는 현상을 시간 지연time delation, 공간이 줄어드는 것은 로렌츠 수축Lorentz contraction이라고 한다. 더 복잡한 다른 효과들이 있기는 하다. 그러나 그런 효과들을 무시한다면, 빛의 속도에 버금가는 속도로 여러분의 옆을 지나가는 사람은 마치 끈적한 당밀 더미를 힘겹게 헤치고 지나가는 것처럼 보이고, 움직이는 방향은 팬 케익처럼 납작하게 보일 것이다.[38]

기차에 대한 사고 실험에서 마지막으로 생각해볼 문제가 있다. 갈 릴레오 이후로 과학자들은 서로에 대해서 일정한 속도로 움직이는 모든 관찰자들에게는 똑같은 운동 법칙이 적용된다는 사실을 알게 되었다. 결국 기차에 타고 있는 사람들이 서로에게 공을 던진다면, 그 공은 사람들이 철길 옆의 운동장에서 경기를 할 때와 정확하게 똑 같은 경로로 날아갈 것이다. 아인슈타인은 서로에 대해서 일정한 속 도로 움직이는 모든 관찰자에게는 운동 법칙만 똑같은 것이 아니라, 특히 빛의 속도를 지배하는 광학 법칙을 비롯한 **모든 법칙**이 똑같다 는 사실도 알아냈다.

아인슈타인의 이론은 훗날 등장한 더 일반화된 이론 때문에 "특수" 상대성 이론이라고 알려지게 되었고, 그의 이론이 옳다는 사실은 반 복적으로 증명되었다. 예를 들면 1971년 미국 해군 천문대의 과학자 들이 초정밀 세슘 원자시계를 비행기에 싣고 전 세계를 돌아다녔다. 워싱턴 DC로 돌아온 그들은 비행기에 싣고 다닌 시계가 집에 놓아둔 시계보다 느리게 움직였고, 그 결과가 특수 상대성 이론과 정확하게 일치한다는 사실을 확인했다. 우주 비행사에게도 시간이 느려진다. 러시아의 물리학자 이고르 노비코프는 1988년 소비에트 우주 정거장 에 머물다가 지구로 돌아온 승무원들로부터 그런 사실을 확인했다.

1년 동안 초속 8킬로미터의 속도로 궤도를 돌았던 그들의 시계는 매 초마다 100분의 1초씩 느리게 움직이고 있었다.[39]

　항공기와 우주선은 빛의 속도보다 매우 느리게 움직이기 때문에 시간 지연 효과는 아주 작다. 그러나 빛의 속도에 가까운 속도로 움직이는 아원자 입자의 경우에는 시간 지연 효과가 상당히 크다. 우주에서 매우 빠른 속도로 날아오는 원자핵이나 우주선cosmic ray이 지구 대기권 상층부의 공기 분자와 충돌하면서 만들어지는 뮤온muon도 마찬가지이다. 뮤온은 공기 중에서 광속의 99.92퍼센트 이상의 속도로 움직인다. 그러나 뮤온은 평균적으로 고작 150만 분의 1초 만에 분해 또는 붕괴된다. 뮤온은 붕괴되기까지 고작 0.5킬로미터를 날아갈 수 있다는 뜻이다. 그러나 예상과는 달리 뮤온은 12.5킬로미터 아래에 있는 땅에도 도달한다. 사실 지구 표면 1제곱미터에는 매 초당 수백 개의 뮤온들이 충돌한다. 뮤온은 이 순간에도 여러분의 몸을 그대로 뚫고 지나가고 있다!

　우주선에 의해서 만들어지는 뮤온은 당연히 그럴 것이라고 보이는 거리보다 대략 25배나 먼 거리까지 날아간다. 이 사실은 상대성 이론으로 완벽하게 설명된다. 실제로 뮤온은 내부에 자신이 언제 붕괴될 것인지를 알려주는 자명종 시계를 가지고 있다. 아인슈타인에 따르면 빠르게 날아가는 뮤온이 경험하는 시간은 지구 표면에 서 있는 사람이 경험하는 시간과 같지 않다. 뮤온은 광속의 99.92퍼센트의 속도로 움직이기 때문에 땅에 서 있는 관찰자에게는 그 시간이 대략 25배 느리게 보인다. 결과적으로 우주선에 의해서 만들어지는 뮤온은 예상보다 약 25배 더 오래 존재할 수 있기 때문에 충분히 땅에 도달할 수 있는 것이다.

그런데 뮤온의 입장에서는 세상이 어떻게 보일까? 뮤온의 시간은 완벽하게 정상적으로 흐른다. 뮤온은 자신이 정지해 있는 것처럼 보이기 때문에 150만 분의 1초 후에 붕괴된다. 그러나 뮤온에게 지구 표면은 광속의 99.92퍼센트의 속도로 다가오는 것처럼 보인다. 따라서 로렌츠 수축으로 뮤온이 움직이는 거리는 25배만큼 줄어든 것처럼 보이고, 뮤온은 매우 짧은 시간에도 땅에 도달할 수 있게 된다. 뮤온의 입장에서나, 지상에 서 있는 관찰자의 입장에서나 모든 것이 잘 들어맞는다. 이것이 상대성 이론의 신비이다.

상대성 이론은 단순히 한 사람의 시간이 다른 사람의 시간과 같지 않다거나, 한 사람의 공간이 다른 사람의 공간과 같지 않다는 뜻이 아니다. 실제는 그보다 훨씬 더 심오하다. 상대성은 한 사람의 공간이 다른 사람의 공간과 **시간**이 될 수 있고, 한 사람의 시간이 다른 사람의 시간과 **공간**이 될 수도 있다는 뜻이다.[40] 그러나 상대성 이론을 다음 단계로 발전시킨 사람은 아인슈타인이 아니라 아인슈타인을 "게으른 개"라고 여겼던 그의 수학 교사였다. 헤르만 민코프스키는 "이제부터 공간 그 자체와 시간 그 자체는 한낱 그늘에 가려질 것이고, 시간과 공간이 연결되어 있다는 사실만 살아남을 것이다"라고 했다.

우리는 공간에 남−북, 동−서, 위−아래라는 3개의 차원이 있고, 시간에 과거−미래라는 1개의 차원이 있다고 생각한다. 그러나 사실은 4차원의 시공간이 있을 뿐이다. 공간과 시간이 하나의 매끄러운 실체로 연결되어 있다는 사실은 우리가 빛의 속도에 가까운 속도로 움직여야만 명백해진다. 그러나 자연의 저속低速 차선에 사는 우리는 단단한 물체가 동굴의 벽에 드리운 납작한 그림자를 보듯이, 시공간이 드리운 그림자를 경험할 수 있을 뿐이다. 하나의 그림자는 공간이고, 다른 하나는 시간이다.

그런데 상대성에는 더 많은 의미가 담겨 있다. 누구도 빛의 속도를 따라잡을 수 없는 이유는 무엇일까? 실질적으로 빛을 따라잡을 수 없게 만드는 다른 무엇인가가 있을까? 빛의 속도에 점점 더 가까운 속도로 움직이는 물체를 생각해보자. 이 물체에는 점점 더 큰 저항력이 작용한다. 따라서 빛의 속도에서는 저항력이 무한대가 될 것이다. 결국 무한히 무거워진 물체는 빛의 속도를 따라잡을 수 없게 된다. 그렇다면 이 저항력이 어디에서 비롯되는지를 살펴보기 위해서 컵과 같이 쉽게 움직일 수 있는 작고 가벼운 물체와, 크고 무거운 냉장고와 같이 쉽게 움직일 수 없는 물체를 생각해보자. 사실 질량은 움직임에 대한 저항력, 즉 관성inertia으로 정의된다. 따라서 점점 더 빠르게 운동하는 물체가 움직임에 저항하는 이유는, 그 물체가 계속 더 무거워지기 때문이라는 것은 어쩔 수 없는 결론이다.

물체의 움직임이 점점 더 빨라질 때 유일하게 변화하는 것은 운동 에너지이다. 여러분이 자전거를 탄 사람과 충돌해서 넘어지면, 여러분도 이 에너지가 실재한다는 사실을 알게 될 것이다! 운동 에너지는 질량과 관련된 것이다. 물체가 빛의 속도로 움직일 수 없는 것은 이런 질량이 움직이기 위해서 극복해야 하는 저항이 무한히 크기 때문이다. 사실 아인슈타인은 운동 에너지만이 아니라 **모든** 형태의 에너지에 유효 질량이 존재한다는 사실을 밝혀냈다. 그리고 그것이 양방향적이라는 사실도 증명할 수 있었다. 이것이 상대성 이론의 가장 놀라운 결과일 수도 있다. 에너지는 그에 대응하는 질량을 가지고 있고, 역으로 질량도 에너지를 가지고 있다는 것이다. 그는 이런 사실을 물리학의 가장 유명한 방정식인 $E = mc^2$으로 표현했다.

질량은 에너지의 가장 간편한 형태로 밝혀졌다. 질량—에너지를 열에너지로 전환할 때 수소 폭탄의 파괴력과 태양의 빛이 만들어진다. 이것이 햇빛의 궁극적인 근원이다.

11

뇌

뇌의 가장 중요한 활동은
뇌 자체의 변화를 만들어내는 것이다

"양귀비가 빨갛고, 사과가 향기를 내고,
종달새가 노래하는 것은 모두 뇌 때문이다."
—오스카 와일드[41]

인간의 뇌는 대략 1,000억 개의 뉴런neuron(시냅스[synapse]를 통해서 다른 뉴런에 자극과 흥분의 신호를 전기적으로 전달하는 역할을 하는 신경계의 기본 단위/역주)으로 구성되어 있다. 뇌에는 필요한 에너지를 공급하는 약 1조 개의 보조 세포가 있어서 뉴런이 건강하게 작동하도록 해준다. 그러나 단순히 세포의 수만으로 뇌가 실제로 어떻게 작동하는지 정확하게 알 수는 없다. 미국의 신경과학자 제럴드 피슈바흐는 "간에는 1억 개의 세포가 있다. 그러나 1,000개의 간이 모인다고 해서 복잡한 정신 활동이 가능해지는 것은 아니다"라고 지적했다.[42]

뇌가 하는 복잡한 정신 활동의 비밀은 뉴런 사이의 **연결**에서 비롯된다. 엄청난 양의 정보, 기억, 생각들이 그 연결의 강도로 암호화되어 있다. 월드와이드웹World Wide Web(WWW)을 발명한 팀 버너스-리는 "우리가 알고 있는 모든 것과 우리의 존재에 대한 모든 것이 우리 뇌를 구성하는 뉴런들이 서로 연결되는 방법에서 비롯된다"라고 말했다.[43]

인간의 뇌는 끊임없이 스스로 변화한다. 몸의 감각을 통해서 세상으로부터 쏟아져 들어오는 새로운 정보가 뉴런 사이 연결의 세기를 바꿔놓기 때문이다. 미국의 과학 저술가 조지 존슨은 이렇게 말한 바 있다. "책을 읽거나 대화를 나눌 때마다 그 경험이 뇌의 물리적 변화를 일으킨다. 여러분이 무엇인가를 경험할 때마다 여러분의 뇌에 변화가 생기고, 때로는 그런 변화가 항구적일 수도 있다는 사실은 조금 놀라울 수도 있다."[44]

뉴런의 세포체는 일반적인 세포와 완전히 똑같은 세포핵을 가지고 있다. 그러나 세포의 한쪽에는 축삭돌기axon라는 가늘고 긴 도선의 역할을 하는 돌기가 있고, 다른 쪽에는 수상돌기dendrite라는 손가락을 닮은 몇 개의 돌기가 있다. 축삭돌기는 다른 뉴런을 향해서 전기 신호를 내보내고, 수상돌기는 다른 뉴런의 축삭돌기에서 보내주는 전기 신호를 받는다. 하나의 뉴런은 1만 개 정도의 수상돌기를 통해서 1만 개 정도의 다른 뉴런과 상호작용할 수 있다. 뇌는 1,000조 개 정도의 연결망을 가지고 있다는 사실로부터 여러분을 여러분으로 만드는 정보의 양이 얼마나 엄청난지를 짐작할 수 있을 것이다.

하나의 뉴런이 가진 축삭돌기가 다른 뉴런의 수상돌기에 직접 닿

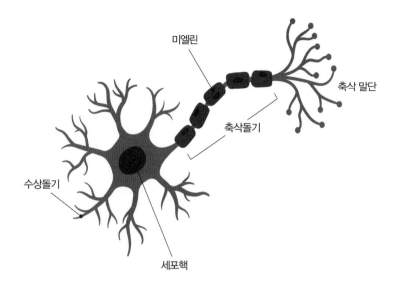

미엘린

축삭 말단

축삭돌기

수상돌기

세포핵

아 있지 않다는 사실이 중요하다. 그 사이에는 시냅스라는 간격이 존재한다. 시냅스에서는 축삭돌기의 전기 신호가 화학적 전달자로 변환된다. 화학적 전달자가 말단 버튼terminal button이라고 알려진 축삭돌기 끝부분의 구조에 의해서 시냅스로 배출된다. 화학적 전달자는 간격을 통해서 확산되다가 다른 뉴런의 수용체에 결합되고, 이온 채널을 열어주면서 새로운 전기 신호가 만들어진다.

화학적 전달자를 이용한 전기 신호의 중개는 뉴런으로부터 거의 무한한 반응을 만들어낼 수 있다. 신경전달물질neurotransmitter이라는 다양한 화학적 전달자가 활용되는데, 이들은 독특한 수용체를 가진 수상돌기에서만 효과를 나타낸다. 어떤 신경전달물질들은 수상돌기에서 전류가 발생하도록 자극하기도 하고, 반대로 전류의 발생을 억

제하기도 한다.

인간의 뇌에서는 감마−아미노뷰티르산(GABA)과 글루탐산이라
는 단순한 아미노산이 가장 중요한 두 가지 신경전달물질이다. 글루
탐산은 박테리아가 수십억 년 전부터 사용하던 화학 전달 체계의 화
석과도 같은 유물이다. 오래 전의 방법을 새로운 문제에 맞도록 용도
를 변경해서 활용하는 것은 진화에서 흔하게 발견되는 특징이다. 뉴
런 사이의 거의 모든 소통은 GABA와 글루탐산으로 중개된다. 도파
민이나 아세틸콜린과 같은 신경전달물질은 단순히 그것들의 작용을
조절해줄 뿐이다. 인간의 행동에 영향을 주는 의약품들 대부분은 특
정한 신경전달물질을 차단하거나 모방해서, 수용체 부위를 자극하여
신경전달물질과 똑같은 효과를 발생시키도록 작동한다.

뉴런은 흔히 컴퓨터의 논리 게이트logic gate(디지털 회로의 기본 요소로
2개의 입력 신호를 비교해서 AND, OR, XOR, NOT, NAND, NOR, XNOR과
같은 출력 신호를 만들어낸다/역주)에 비유된다. 트랜지스터로 구성된 논
리 게이트는 다른 논리 게이트와 연결되어 2개의 숫자를 더하는 것
과 같은 디지털 회로를 만드는 데에 사용된다. 논리 게이트는 오직 2
개의 전기 입력에 따른 전류로 하나의 신호를 만들어낸다. 그러나 뉴
런은 1만 개 이상의 수상돌기에도 들어오는 입력을 이용해서 모든 입
력 신호들의 복잡한 상호관계에 따라서 달라지고, 수많은 신경전달
물질과 시냅스의 수용체에 작용하는 하나의 신호를 만들어낸다. 따
라서 논리 게이트가 실리콘으로 된 컴퓨터의 기본적인 구성 요소이
듯이, 뉴런은 생물학적 컴퓨터의 기본적인 구성 요소이다. 그러나 뉴

런은 훨씬 더 복잡한 기능을 수행할 수 있다. 사실 각각의 뉴런이 그 자체로 하나의 컴퓨터 역할을 한다.

인간의 뇌는 대략 1.4킬로그램으로 우리와 몸집이 비슷한 다른 동물의 뇌보다 3배나 크다. 인간의 뇌는 우주에서 알려진 가장 복잡한 물체이다(물론 그런 사실도 뇌가 스스로 알아낸 것이다). 미국의 신경과학자 폴 맥린이 정립한 이론에 따르면, 진화의 과정에서 3개의 분명하게 구분되는 뇌가 서로에게 부착되는 상승 작용을 일으키면서 진화했다. 미국의 언론인 샤론 베글리는 "과거의 뇌에 새로운 부분이 더해진 우리의 뇌는 8-트랙의 카세트 플레이어를 기반으로 만든 아이팟(2001년 애플이 출시한 디지털 오디오 플레이어로 개인 방송을 MP3 형식으로 인터넷을 통해 보내주는 팟캐스팅[podcasting]을 가능하게 했다/역주)와 같은 것"이라고 했다.[45]

1.4킬로그램의 우리의 뇌에서 뇌줄기brainstem와 소뇌cerebellum는 우리 뇌에서 가장 오래되고, 원시적인 부분이다. 뇌줄기와 소뇌는 파충류 뇌의 핵심 구조를 닮았다. 우리의 "파충류 뇌reptilian brain"는 체온, 호흡, 심장 박동, 균형과 같은 중요한 자율 기능을 조절한다. 대략 2억 년 전에 최초의 포유류에서 발전된 구조가 그런 파충류 뇌를 둘러싸고 있다. 이 발전된 구조를 가진 "변연계limbic system"(대뇌와 간뇌 사이의 시상하부를 중심으로 구성된 영역으로 감정 상태와 의식적 기능과 자율 기능의 연결, 기억의 저장과 검색 등의 기능을 담당한다/역주)의 핵심은 해마, 편도체 그리고 시상하부이다. 변연계는 좋거나 나쁜 경험의 기억을 기록하고, 감정을 담당한다. 변연계를 둘러싸고 있는 가장 큰 구

조는 유인원에게 중요한 역할을 하기 시작했다. "대뇌cerebrum" 또는 "신피질neocortex"은 뇌의 훨씬 더 원시적 부분에서 기인하는 자율 반응을 무력화시키기도 한다. 대뇌는 언어, 추상적 생각, 상상, 의식 등을 담당한다. 대뇌는 새로운 사실을 학습하는 거의 무한한 능력을 발휘하는데, 우리의 개성도 대뇌에서 비롯되는 것이다. 간단히 말해서 신피질이 우리를 인간답게 만들어준다.

사실 파충류 뇌, 변연계, 신피질의 바깥을 둘러싸고 있는 한 층이 더 있다. 그것은 물론 단단한 뼈로 되어 있는 두개골이다. 두개골은 뇌척수액이라는 특별한 충격 흡수용 액체가 들어 있는 뇌수막meninges이라는 세 겹으로 이루어진 보호 조직으로 강화되어 있다(뇌수막의 감염은 치명적인 뇌수막염을 일으킬 수 있다).

신피질은 2개의 반구로 나뉘어 있고, 두 신피질은 뇌량corpus callosum이라고 부르는 한 뭉치의 신경 섬유로 연결되어 있다. 그러므로 사실상 우리는 뇌가 2개인 셈이다. 보통 왼쪽은 문제 해결, 수학, 글쓰기를 담당하고, 오른쪽은 창의적인 일, 예술이나 음악을 담당한다. 지금까지도 우리가 완전히 파악하지 못하는 이유로 뇌의 왼쪽은 오른쪽 몸의 움직임을 통제하고, 뇌의 오른쪽은 왼쪽 몸의 움직임을 통제한다. 그래서 왼쪽 뇌에 뇌졸중이 생긴 사람은 몸의 오른쪽을 움직이지 못하고, 반대의 경우에도 그렇다(뇌졸중은 주로 뇌의 혈전이 국부적인 혈액 공급을 가로막아서 근처의 뇌 조직이 망가지면서 일어난다).

중요한 의문 하나가 떠오른다. 놀라울 정도로 복잡한 신경 회로망이 어떻게 우리에게 기억과 학습을 가능하게 만들어줄까? 일반적으로 우리는 우리에게 중요한 사실은 기억하고, 우리에게 더 이상 중요하지 않은 사실은 잊어버린다. 그런데 우리에게 중요한 사실은 우리가 이미 알고 있는 것과 관련되는 경향이 있다. 이탈리아어를 아는 사람은 이탈리아어를 모르는 사람보다 새롭게 들은 이탈리아어 단어를 기억할 가능성이 더 높다. 스케이트보드를 탈 줄 아는 사람은 스케이트보드를 한번도 타본 적이 없는 사람보다 서핑보드 위에서 균형 잡는 법을 더 쉽게 배운다.

반복 또한 기억과 학습에 필수적인 것으로 보인다. 말하기를 배우는 아이는 같은 말을 계속 반복한다. 기타를 배우는 사람도 몇 시간 동안 같은 코드 진행을 반복해서 연습한다. 물론 이런 행동들 중에서 어느 것도 뇌의 신경 회로망이 어떻게 우리가 무엇인가를 기억하고, 새로운 기술을 배우도록 해주는지를 설명하지는 못한다. 그러나 이런 사실이 우리가 이미 알고 있는 것과의 연결과 반복이 우리 뇌에서 발생하는 가장 중요한 두 가지 과정이라는 힌트를 준다.

우리가 이미 알고 있는 것은 뇌의 1,000억 개 뉴런 사이의 연결 패턴에 암호화되어 있다. 그런 패턴들이 복잡한 정보를 어떻게 암호화하는지는 아무도 정확하게 알지 못한다. 그러나 모든 증거가 뉴런 사이의 연결 패턴이 우리가 알고 있는 것의 핵심임을 알려주고 있다. 뉴런 사이의 연결은 수상돌기에 의해서 만들어진다. 따라서 수상돌기는 우리가 알고 있는 것과 동의어인 셈이다. 결국 무엇인가를 기억하거나 새로운 기술을 배우기 위해서는 뉴런들 사이에서 형성되는 수

상돌기의 연결에 어떤 일이 일어나야 한다.

서로 연결된 2개의 뉴런을 생각해보자. 첫 번째 뉴런의 축삭돌기가 두 번째 뉴런의 수상돌기에 연결되어 있다. 이제 첫 번째 뉴런이 외부 세계로부터 어떤 자극 정보를 받아서 신호를 내보낸다고 생각해보자. 두 뉴런 사이의 수상돌기의 연결이 우리가 이미 알고 있는 무엇인가를 가리킨다는 사실을 기억해야 한다. 자극이 반복적이고, 우리가 알고 있는 것과 관계가 있어서, 축삭돌기와 수상돌기 사이 시냅스의 신경전달물질이 관련된 전기 신호를 증폭시켜준다면, 수상돌기의 그러한 연결은 더욱 강화된다. 이런 일은 여러 가지 방법으로 일어날 수 있다. 수상돌기가 연결점을 증폭시켜주는 많은 수의 "가지"를 만들어내는 것도 한 가지 방법이다.

물론 하나의 수상돌기로 연결된 두 뉴런이 우스꽝스러울 정도로 적은 양의 정보를 담고 있을 수도 있다. 그러나 여러분이 알고 있는 모든 것이 뇌 수상돌기의 연결 전체에 암호화되어 있으므로 단순히 1개의 쌍이 아닌 많은 수의 뉴런들 사이의 연결이 강화되면, 새로운 지식은 여러분이 이미 알고 있는 지식과 영원히 연결되어 오래도록 기억하게 된다. 소설가 도리스 레싱은 이런 말을 남겼다. "그것이 바로 학습이다. 여러분이 평생토록 알고 있었던 무엇을 갑자기 전혀 새로운 방법으로 이해하게 된다."[46]

뉴런 사이의 연결을 강화하는 과정을 통해서 여러분이 알고 있는 모든 것이 담겨 있는 네트워크가 끊임없이 변화한다. 그러나 그 과정에서 단순히 연결이 강화될 뿐만 아니라 새로운 연결이 만들어지기도 하고, 있었던 연결이 끊어지기도 한다. 뇌의 뉴런 네트워크를 거대한 덤불이라고 생각해보자. 어떤 곳에서는 덤불이 자라나지만, 다른 곳에서는 서로 아무것도 공유하지 않는 뉴런 사이의 연결이 끊겨서 덤불이 죽기도 한다. 이것이 바로 망각의 과정이다. 우리가 우주에 관해서 아는 한에서는, 자신을 끊임없이 새로 만들고 새로 연결하는 일rewire은 오로지 우리의 뇌만 할 수 있다. 다른 어떤 것도 그런 일을 해내지 못한다.

새로운 기술을 학습하는 일도 기억의 과정과 매우 비슷하다. 자전거를 탈 때 사용하는 특정한 근육이 있다고 해보자. 이 근육을 통제하는 뉴런에 연결된 수상돌기를 강화해야 그런 근육들을 더 쉽고 빠르게 통제할 수 있게 된다. 따라서 기억이 뉴런의 네트워크에 들어 있는 것과 마찬가지로, 자전거를 타거나 책을 읽는 것과 같은 기술도 뉴런의 네트워크 안에 있다. 이런 기술들은 마치 타고난 것처럼 자동화된다.

뉴런 사이의 연결을 강화 또는 약화시키거나, 네트워크를 수정하기 위해서 새로운 연결을 만드는 것을 신경 가소성neuroplasticity이라고 부른다. 신경 가소성은 내가 이 설명을 지어내는 과정에서 내 뇌에서도 일어났다. 그리고 여러분이 내 설명을 이해하려면 여러분의 뇌에서도 신경 가소성이 작동해야 한다.

뇌는 놀라운 종류의 컴퓨터이다. 실리콘으로 만든 컴퓨터는 인간이 제공한 프로그램에 따라서 임무를 수행한다. 그러나 뇌는 외부의 프로그래머가 필요하지 않다. 뇌는 **스스로 프로그래밍하는 컴퓨터**이다. 신생아가 가지고 태어나는 뉴런 네트워크는 상상을 초월할 정도로 다양하게 연결될 가능성을 가지고 있다. 신생아의 뇌에 새로운 연결을 만들고, 어떤 연결은 강화시키고, 다른 연결은 쳐내도록 프로그래밍하는 일은 매순간 눈, 귀, 코, 피부 등을 통해서 쏟아져 들어오는 정보들에 의해서 이루어진다.

신경 가소성은 뇌의 가장 중요한 비밀이다. 진화 과정에서의 자연선택이나 유전학에서의 DNA와 마찬가지로 신경 가소성도 뇌를 이해하기 위해서 절대적으로 필요한 아이디어이다. 이것을 빼놓으면 어떤 것도 의미를 가지기 어렵다. 신경 가소성은 새로운 경험이 어떻게 프로그래밍할 수 있는 물질의 궁극적 덩어리인 뇌를 끊임없이 새롭게 연결하는지를 설명해준다. 신경 가소성은 신생아의 비어 있는 서판이 어떻게 성인의 뇌로 변화되는지를 설명한다. 뇌졸중으로 문제가 생긴 뉴런의 임무가 뇌의 인접 영역에 있는 다른 뉴런으로 이동하면 뇌졸중 환자가 잃어버렸던 기능을 되찾게 되는 것도 신경 가소성으로 설명할 수 있다. 그러나 이런 재활이 어렵고 오랜 시간이 걸리는 이유는 프로그램을 다시 짜는 과정이 어린이가 처음으로 새로운 기술을 배우는 것과 비슷하기 때문이다. 신경 가소성은 여러분이 살아 있는 동안 계속된다. 여러분이 100세가 되더라도 여러분의 뇌는 여전히 새로운 연결을 만들어낼 수 있을 것이다. 100세 노인도 컴퓨터 사용법을 배울 수 있다. 어린아이처럼 빠른 속도로 배우지는 못하더라도 배울 수는 있다.

인간의 뇌가 아주 희미한 전구를 밝힐 수 있는 대략 20와트 정도의 전력으로 이 엄청난 양의 모든 계산들을 해낸다는 것은 믿기 어려운 일이다. 참고로 비슷한 속도의 계산을 할 수 있는 슈퍼컴퓨터는 20만 와트의 전력을 소비한다. 다시 말해서 뇌의 에너지 효율은 슈퍼컴퓨터의 1만 배나 되는 셈이다.

그러나 우리 몸의 다른 조직과 비교했을 때 우리 뇌의 에너지 소비량은 놀라운 수준이다. 뇌는 성인 몸무게의 2에서 3퍼센트 정도를 차지할 뿐이지만, 우리 몸이 사용하는 산소의 약 20퍼센트를 소비한다. 지구상에 사는 유기체들 대부분이 뇌가 없는 것도 이런 이유 때문이다. 미국의 인지과학자이며 철학자인 대니엘 데닛은 『의식의 수수께끼를 풀다Consciousness Explained』에서 달라붙을 바위를 찾아 헤매는 어린 멍게를 예로 들었다. 이들은 바다 밑에서 적당한 바위를 찾고 난 후에는 뇌가 더 이상 필요하지 않다. 그래서 멍게는 뇌를 먹어버린다. 뇌는 에너지에 관한 한 매우 낭비적이기 때문에, 어린 멍게처럼 뇌를 가지고 있던 생물도 더 이상 필요가 없어지면 뇌를 폐기한다. 콜롬비아 출신의 미국 신경과학자 로돌포 리나스에 따르면, "세상에는 기본적으로 두 가지 종류의 동물이 있다. 동물과 뇌가 없는 동물이다. 후자를 식물이라고 부른다. 식물은 적극적으로 움직이지 않기 때문에 신경계가 필요하지 않다. 산불이 났다고 해서 식물이 뿌리를 들어올리고 도망가지는 않는다! 적극적으로 움직이는 모든 것들은 신경계가 필요하다. 그렇지 않으면 곧바로 죽을 수도 있다."[47]

공상과학 소설 작가들은 흔히 훨씬 더 큰 뇌를 가진 먼 미래의 인간을 상상한다. 그러나 그런 상상은 화석의 역사에서 배운 교훈을 무시한 것이다. 유럽에서 4만 년에서 1만 년 전에 살았던 우리의 조상인 크로마뇽인은 실제로 몸과 뇌가 우리보다 5에서 10퍼센트 정도 더 컸다. 이런 사실에 대한 한 가지 가능한 설명은 그들이 매순간마다 생존을 걱정해야 했다는 것이다. 그러나 오늘날 우리는 대부분 훨씬 더 온화한 세상에서 살고 있고, 다른 사람들이 우리를 위해서 사냥을 해주고, 식량을 공급한다. 그리고 가축은 야생종보다 훨씬 더 작은 뇌를 가지기 마련이다. 고인류학자 루이스 리키는 "인간은 문화를 통해서 실질적으로 자신을 가축화시켰다"라고 말했다. 따라서 미래의 인간은 우리보다 몸집도 더 크지 않고, 오히려 뇌도 더 작을 가능성이 높다.

우리가 언젠가는 인간의 뇌를 완전히 이해할 수 있을까? 이것은 논리적으로 불가능한 일이라고 생각하는 사람도 있다. 미국의 생물학자 에머슨 M. 퓨그는 "인간의 뇌가 우리가 이해할 수 있을 정도로 단순하다면, 우리 자체도 상상할 수 없을 정도로 단순하다는 의미"라고 했다.[48] 논리적으로 퓨그가 옳다. 인간의 뇌는 인간의 뇌를 완전히 이해할 수 없다. 이는 신발 끈을 잡아당겨서 스스로 공중에 떠오르는 것과 같은 일이다. 그러나 뇌가 뇌를 이해하려고 노력하지는 않는다. 국제 과학계에서 많은 뇌들이 힘을 합쳐서 뇌를 이해하려고 노력하고 있다. 이탈리아의 격언에 따르면, "모든 뇌가 한 사람의 머리에 있는 것은 아니다."

12

일반 상대성 이론

중력은 가속이다

"물리학자는 절벽에서 새를 관찰하다가 아래로 떨어져도
쌍안경을 걱정하지 않는다.
쌍안경도 자신과 함께 떨어질 것이기 때문이다."
—헤르만 본디[49]

400년 동안 풀지 못한 수수께끼에 대한 간단한 설명을 찾아내려면
천재가 필요하다. 아인슈타인이 바로 그런 천재였다. 아인슈타인이
해결한 수수께끼는 피사의 사탑에서 떨어뜨린 서로 다른 질량의 물
체가 동시에 바닥에 떨어진다는 사실을 처음 확인했다고 알려진 갈
릴레오가 주목한 문제였다.

갈릴레오의 실험을 설명하기는 쉽지 않다. 무겁고 표면적이 큰 물
체에 작용하는 공기 저항이 가볍고 표면적인 작은 물체에 작용하는
공기 저항보다 크기 때문이다. 실험을 통해서 명백한 결론을 확인한
것은 1971년 8월이었다. 아폴로 15호의 사령관인 데이비드 스콧이
공기 저항이 없는 달에서 망치와 깃털을 동시에 떨어뜨렸다. 흐릿한

흑백 TV 화면에서 두 뭉치의 먼지가 솟아오르는 장면은 망치와 깃털이 달 표면에 동시에 떨어졌다는 확실한 증거였다.

이 문제가 수수께끼인 이유는 쉽게 알 수 있다. 얼음판에 있는 2개의 똑같은 썰매를 생각해보자. 한 썰매는 비어 있고, 다른 썰매에는 아이가 타고 있다. 이제 정확하게 똑같은 힘으로 두 썰매를 민다. 어린아이가 타고 있는 썰매는 질량이나 관성이 더 커서 쉽게 움직이지 않는다. 그래서 무거운 썰매를 가속하여 속도를 변화시키기가 빈 썰매만큼 쉽지 않은 것이다. 다시 말해서 질량이 다른 두 물체에 똑같은 힘을 작용하면 두 물체의 가속도는 서로 달라진다.

이제는 서로 다른 질량을 가진 두 물체가 중력에 의해서 아래로 떨어지는 경우를 생각해보자. 얼음판의 썰매와는 다르게 떨어지는 두 물체는 서로 다른 비율로 가속되지 않는다. 오히려 두 물체는 정확하게 같은 속도로 가속되면서 아래로 떨어진다. 그래서 마치 물체의 질량에 따라서 작용하는 중력의 힘이 달라지는 것처럼 보인다. 예를 들면, 무게가 2배인 물체에 작용하는 힘은 2배만큼 크고, 10배인 물체에 작용하는 힘은 10배만큼 더 큰 것처럼 보인다는 뜻이다. 물체에 작용하는 힘이 질량의 차이를 정확하게 상쇄시키기 때문에 떨어지는 모든 물체가 똑같은 속도로 가속된다.

그런데 아인슈타인은 떨어지는 물체에 작용하는 중력의 힘을 굳이 조절해줄 필요가 없다는 사실을 깨달았다. 모든 물체가 **자동적으로** 똑같은 속도로 가속되는 것처럼 보이는 방법은 단 하나뿐이기 때문이다. 중력의 근원지 역할을 하는 지구에서 멀리 떨어진 우주선에 타고 있는 비행사를 생각해보자. 우주선이 1g(지구 표면에서의 평균 중력 가속도[980cm/s²]/역주)의 힘으로 가속되고 있다면, 비행사의 두 발은 지구 표면에 서 있을 때와 똑같이 선실 바닥에 붙어 있게 된다. 우주선의 창문이 모두 가려져 있고, 선실이 로켓 엔진의 진동으로부터 완벽하게 차단되어 있다면, 비행사는 우주선이 정말 지구의 표면에 정지되어 있다고 느낄 수 있을 것이다.

이제 비행사가 팔을 같은 높이로 들어올려서 잡고 있던 망치와 압정을 떨어뜨린다고 생각해보자. 비행사는 두 물체가 중력에 의해 아래로 떨어져서 동시에 바닥에 닿을 것이라고 생각한다. 그러나 그것은 사실이 아니다. 중력의 중심으로부터 멀리 떨어져 있는 우주선에서 실제로 일어난 일은 정반대이다. 망치와 압정이 무중력 상태로 공중에 정지된 채로 떠 있고, 우주선의 바닥이 비행사를 향해서 위쪽으로 1g의 힘으로 가속된다. 결국 선실의 바닥이 움직여서 정지 상태로 있는 두 물체에 동시에 충돌할 수밖에 없다. 이것이 바로 모든 물체가 중력에 의해서 같은 속도로 떨어진다는 갈릴레오의 관찰에 대한 거짓말처럼 간단한 설명이다.

지구 표면에서 중력을 경험하는 것과 1g의 힘으로 가속되는 우주선에서의 상황이 서로 구분할 수 없을 정도로 닮았다는 사실을 깨달은 것이 바로 아인슈타인의 천재성이었다. 사실 그 두 가지 상황은 단순히 구별할 수 없는 정도가 아니다. 그 둘은 완벽하게 똑같은 것이다. 우리에게 중력이라고 부를 힘이 필요했던 것은 실제로 우리가 가속되고 있다는 사실을 인지하지 못하기 때문이다.

물론 우리가 가속되고 있다는 사실은 분명하게 알 수 없다. 그래서 아인슈타인 이전에는 아무도 그런 사실을 주목하지 못했다. 중력을 경험하고 있다고 믿는 비행사도 마찬가지로 그런 사실을 확실하게 알지 못한다. 그런데 비행사가 선실의 왼쪽 벽에서 오른쪽 벽을 향해서 수평으로 레이저 광선을 쏘는 경우를 생각해보자. 그는 레이저 광선이 오른쪽 벽에 닿는 위치가 레이저 광선이 나오는 왼쪽 벽의 위치보다 조금 낮다는 사실을 알게 될 것이다. 레이저 광선이 선실을 가로질러 지나가는 동안에 선실이 위쪽으로 가속되었기 때문이다(물론 빛이 매우 빠르기 때문에 그 효과는 아주 작다. 이것은 사고 실험일 뿐이다!).

그러나 비행사는 자신의 몸에 중력이 작용한다고 생각하고 있다. 따라서 그는 중력이 빛을 휘게 만들어서 오른쪽 벽에 닿는 위치가 아래로 내려갔다고 믿는다. 그렇다면 실제로는 무슨 일이 일어났을까? 빛은 두 점 사이의 가장 짧은 경로인 직선을 따라서 진행한다는 사실은 이미 잘 알려져 있다. 그런데 종이 위에 있는 두 점 사이에서 가장 짧은 경로는 종이가 편평할 때에만 직선이다. 만약 종이가 구겨져 있다면 가장 짧은 경로는 더 이상 직선이 아니라 곡선이 된다. 그러나 빛이 아래쪽으로 휘어졌기 때문에 우리는 공간이 휘어졌다는 결론을 얻게 된다. 그런데 중력이 작용하는 경우와 가속을 받는 경우는 서로 구분되지 않는다. 결국 중력은 휘어진 공간과 동등해야 한다.

여기에 우리가 알지도 못하는 사이에 어떻게 우리가 가속될 수 있는지에 대한 답이 있다. 그것은 바로 우리가 알아차릴 수 없는 방법으로 공간이 휘어져 있다는 것이다. 우리는 태양에서 지구까지 눈에 보이지 않는 밧줄처럼 뻗어 있는 중력이 존재하고, 이 중력이 지구를 태양 주위의 궤도에 묶어둔다고 생각한다. 그러나 그것은 환상일 뿐이다. 아인슈타인에 따르면, 사실은 태양의 질량이 그 주위의 공간을 골짜기처럼 꺼지게 만들고, 지구는 구슬이 룰렛 바퀴를 따라 회전하는 것처럼 골짜기의 주위를 따라서 떠다니는 것이다. 지구는 자신의 관성을 따라서 휘어진 공간에서 가장 짧은 경로로 움직일 뿐이다. 이 경로는 편평한 종이 위의 두 점을 연결하는 직선과 마찬가지로 휘어진 시공간에서의 측지선geodesic(공간의 두 점을 잇는 길이가 가장 짧은 곡선/역주)이라고 알려져 있다.

미국의 물리학자 존 휠러는 아인슈타인의 중력 이론에 담겨 있는 핵심을 아주 깔끔하게 정리했다. "물체는 시공간이 어떻게 휘어지는지를 알려준다. 그리고 휘어진 시공간은 물체가 어떻게 움직이는지를 알려준다." 여기에서 핵심은 물체에 의해서 휘어지는 것이 단순히 공간만이 아니라 **시공간**이라는 것이다(그리고 단순히 물체가 아니라, 질량─에너지로 가장 간결하게 표현되는 에너지가 휘어지는 것이다).

질량에 의해서 휘어지는 것이 단순히 공간이 아니라 **시공간**이라는 사실을 알면, 지구 표면에서 전혀 움직이지 않는 것처럼 보이는 우리가 어떻게 가속되는지를 이해할 수 있다! 다른 거대한 물체와 마찬가지로 지구도 그 주위의 시공간에 골짜기를 만든다. 우리에게 걸림돌이 되기도 하면서 동시에 우리의 발을 위쪽으로 밀어주는 역할도 하

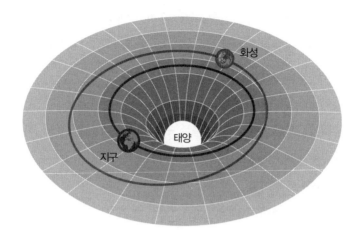

태양은 주위에 시공간의 계곡을 만들고, 행성은 그 계곡의 위쪽 경사면을 따라 룰렛을
회전하는 구슬처럼 움직인다.

는 땅에 의해서 우리는 계곡의 바닥으로 떨어지지 않을 수 있다. 공
간에서는 움직이지 않는 우리가 시공간에서는 **여전히** 움직이는 것은
우리가 시간적으로 움직이고 있기 때문이다. 이런 사실이 우리에게
중력이라는 착각을 불러일으킨다. 비행사가 타고 있는 우주선의 가
속이 비행사에게 중력이라는 착각을 일으키는 것과 마찬가지이다.
사실 지구가 태양 주위의 궤도를 따라서 도는 것은 시공간에서 공간
부분이 아니라 시간 부분의 곡률曲率 때문이다.

 물체가 시공간을 휘어지게 만든다는 사실은 또 하나의 중요한 결
과로 이어진다. 수평으로 쏜 레이저가 거울에 반사되어 다시 광원으
로 되돌아오는 구조를 가진 상상 속의 시계를 생각해보자. 레이저가
왕복하는 시간이 시계의 째깍거림에 해당한다. 이제 그런 시계가 2개

있는 경우를 생각해보자. 하나는 지구 표면 근처에 있고, 다른 하나는 표면에서 높은 곳에 있다. 지구의 질량에 가까이 있어서 중력이 더 강한 공간은 더 멀리 있어서 중력이 더 약한 공간보다 더 심하게 휘어진다. 따라서 아래쪽 시계의 레이저가 지나가는 경로는 위쪽 시계의 경로보다 더 심하게 휘어진다. 경로가 더 심하게 휘어지면 빛이 지나가는 데에 더 오랜 시간이 걸리게 된다. 따라서 아래쪽 시계의 째깍거림은 위쪽 시계보다 더 느려진다. 다시 말해서 중력이 시간을 더 느리게 흐르는 것처럼 보이게 만드는 것이다.

놀랍게도 이는 건물의 아래층에 있으면 높은 층에 있을 때보다 더 느리게 늙는다는 뜻이다. 지구의 질량에 더 가까운 아래층에서 중력이 조금 더 세기 때문이다. 사실 2010년에 미국 국립 표준기술 연구소(NIST)의 물리학자들은 계단의 아래쪽에서 서 있으면 계단의 더 높은 곳에 서 있는 사람보다 더 느리게 늙는다는 사실을 실험으로 증명했다.[50] 지구의 중력은 비교적 약하기 때문에 그 효과는 지극히 작을 수밖에 없다. 그러나 2개의 초민감 원자시계를 사용하면 그 차이를 측정할 수 있다.

빛 파동의 위아래 진동도 역시 시계와 마찬가지이다. 중력은 빛을 더 느리게 진동하도록 만든다. 붉은빛은 푸른빛보다 더 느리게 진동한다. 그런 현상은 중력 적색 편이gravitational red shift라고 알려져 있다. 이 현상은 실제로 1959년 북아메리카의 물리학자 로버트 파운드와 글렌 레브카에 의해서 확인되었다. 그들은 22.6미터의 탑에 올라가서 중력 적색 편이를 측정했다. 이렇게 짧은 거리에서 나타나는 편이는 지극히 작을 수밖에 없기 때문에, 그들의 측정에 성공은 놀라운 일이었다. 그러나 이 현상은 매우 강한 표면 중력을 가진 고도로 압축된 별인 백색 왜성white dwarf에서는 비교적 쉽게 관찰할 수 있다.

제1차 세계대전이 정점에 달했던 1915년 11월, 아인슈타인은 베를린에서 있었던 강연에서 자신의 상대성 이론을 발표했다. 그의 이론은 일정한 속도로 움직이는 관찰자와 같은 특수한 경우만이 아니라 가속에 의해서 속도가 변화하는 일반적인 관찰자에게도 적용되기 때문에 "일반" 상대성 이론으로 알려지게 되었다. 일반 상대성 이론은 특수 상대성 이론과도 여러 면에서 모순되던 뉴턴의 중력 이론이 가진 한계를 넘어서는 것이다.

첫째, 뉴턴의 중력 법칙은 태양의 중력이 지구에서 즉각적으로 느껴진다고 가정한다. 다시 말해서, 중력이나 중력의 영향이 무한히 빠른 속도로 전파된다는 것이다. 따라서 태양이 마법처럼 사라지면, 지구는 그 사실을 즉시 알고 다른 별을 향해서 날아가야 한다. 그러나 그 어떤 것도 빛의 속도를 넘어설 수 없다는 것이 특수 상대성 이론의 근본적인 가정이다. 빛이 태양에서 지구에 도달하기까지는 대략 8.5분이 걸린다. 결과적으로 태양이 사라지는 예기치 못한 상황이 벌어진다면, 지구는 8.5분 동안 계속 궤도를 돌고 나서야 태양이 사라졌다는 사실을 알아차리고 허공으로 날아갈 것이다. 그러나 아인슈타인은 일반 상대성 이론에 중력장도 빛의 속도로 전파된다는 사실을 포함시켰다.

뉴턴의 중력 이론과 특수 상대성 이론의 두 번째 모순은 중력의 근원에 관한 것이다. 뉴턴의 이론에서는 질량이 중력의 근원이지만, 특수 상대성 이론에서는 모든 형태의 에너지가 유효 질량을 가지고 있기 때문에 중력의 근원이 될 수 있다. 이런 사실도 역시 일반 상대성 이론에 포함되어 있다.

아인슈타인은 10년 동안 심사숙고를 한 후에야 자신의 특수 상대성 이론을 일반 상대성 이론으로 일반화시킬 수 있었다. 그리고 자신의 가장 중요한 통찰 중의 하나를 떠올렸을 때는 그가 특허 심사관으로 일하던 스위스 특허 사무소에서 꿈을 꾼 1907년이었다. "어느날 갑자기 돌파구를 찾았다. 나는 베른에 있는 특허 사무소의 의자에 앉아 있었다. 갑자기 생각이 떠올랐다. 자유낙하를 하는 사람은 자신의 몸무게를 느끼지 못할 것이다."

훗날 아인슈타인은 떨어지는 사람이 중력을 느끼지 못한다는 사실을 깨달은 것이 자신의 일생에서 가장 행복한 생각이었다고 회고했다. 이 생각은 특수 상대성과 일반 상대성을 연결해주는 다리가 되었다. 떨어지는 사람이 중력을 느끼지 않는다면 특수 상대성이라는 자신의 무중력 이론으로 세상을 설명할 수 있기 때문이다. 그는 1905년부터 수립한 자신의 이론을 계속 쌓아갈 수 있었다. 그러나 말이 쉬울 뿐, 중력은 휘어진 시공간에 불과하다는 자랑스러운 중력 이론에 도달하기까지는 10년의 노력이 필요했고, 그동안에는 가망이 없다고 느낄 정도로 힘겨운 일도 여러 차례 경험했다.

그러나 질량이나 에너지의 존재에 의해서 시공간이 휘어질 수 있다면, 시공간의 흔들림이 그곳을 지난 물결도 흩어지게 만들 수 있을 것이다. 이것이 아인슈타인이 1916년에 예측했던 시공간의 구조에서 발생하는 파동인 중력파gravitational wave이다. 그는 중력이 매우 약하기 때문에 중력파도 역시 매우 약해서 검출할 수 없다고 생각했다. 그러나 아인슈타인이 사망하고 16년 후에 블랙홀이 발견되었다(블랙홀에 대해서는 제14장을 참조). 블랙홀은 상상할 수 있는 가장 강한 중력의 근원이다. 이 발견이 모든 것을 바꿔놓았다. 2015년 9월 14일에 미국의 물리학자들은 우주의 중간에서 2개의 블랙홀이 재앙적으로 합쳐지는 과정에서 발생한 중력파를 검출했다(중력파에 대해서는 제17장을 참조). 자신의 예측으로부터 거의 정확하게 100년이 지난 후, 아인슈타인은 비로소 정당성을 인정받았다.

13

인간의 진화

현 인류와 그들의 조상의 특징을 말해주는
세 단어는 이주, 이주, 이주이다

"동굴에 살던 우리 조상의 유전체에도 무한하게
복잡한 음악을 작곡하고, 심오한 의미를 담은 소설을 쓸 수
있는 현대인의 유전자가 들어 있었을까? 초기의 인류는 이미
당시의 환경에 적응하기 위해 필요한 수준을 훌쩍 넘어서는
지적 능력을 갖추고 있었던 것처럼 보인다."
—스스무 오노[51]

지금으로부터 약 700만 년 전, 아프리카에서 오늘날의 인간으로 이어진 진화 계통과 침팬지와 보노보로 이어진 계통이 분리되었다. 그 후 수백만 년에 걸쳐서 원인hominin에 속하는 여러 종의 조상들이 수차례의 집단 이주를 하며 요람을 떠나 전 세계로 퍼져 나갔다. 호모 사피엔스라는 현생 인류는 약 30만 년 전에 등장했고, 당시에는 다른 몇 종의 인류가 지구에서 함께 살고 있었다. 신비롭게도 다른 원인들은 모두 사라졌고, 우리 인류가 최후의 인간으로 살아남게 되었다.

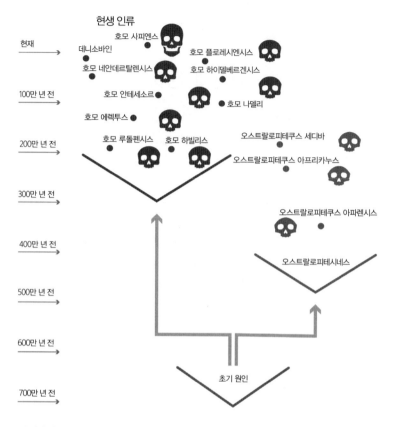

현생 인류

현재

호모 사피엔스

데니소바인

호모 플로레시엔시스

호모 네안데르탈렌시스

호모 하이델베르겐시스

100만 년 전

호모 안테세소르

호모 나델리

호모 에렉투스

200만 년 전

호모 루돌펜시스

호모 하빌리스

오스트랄로피테쿠스 세디바

오스트랄로피테쿠스 아프리카누스

300만 년 전

오스트랄로피테쿠스 아파렌시스

400만 년 전

오스트랄로피테시네스

500만 년 전

600만 년 전

초기 원인

700만 년 전

마지막 원인들의 서열 오늘날에는 오직 1종의 원인만 살고 있지만, 지난 수백만 년 동안 5–6종의 원인이 지구에서 함께 살았다.

침팬지 계통으로부터의 분리는 동아프리카 지구대(에티오피아 중부에서 우간다 서부를 거쳐 말라위 호수와 니아사 호수로 이어지는 4,000킬로미터의 대규모 계곡/역주)의 기후 변화로 시작되었을 것이다. 심한 가뭄으로 숲의 면적이 줄어들면서 원인은 사바나(건기와 우기가 뚜렷하게 구분되는 열대 지역의 초원 지대/역주)의 목초 지대로 내몰렸다. 이미 새로운 서식지에 적응한 초식 동물의 거대한 집단에 대한 유혹도 외면할 수 없었을 것이다.

약 450만 년 전의 우리 조상은 오래 전부터 두 발로 걷기 시작하면서 지구상의 다른 동물들과는 두드러지게 구별되는 지위를 차지하게 되었다. 그에 대한 가장 확실한 증거는 탄자니아의 라에톨리에서 확인되기 시작했다. 약 360만 년 전의 오스트랄로피테쿠스 아파렌시스 3명이 화산재가 갓 쌓인 지역을 가로질러 걸어가면서 오늘날에도 확인할 수 있는 발자국을 남겼다. 리처드 도킨스는 "이 사람들이 서로 어떤 관계였는지, 서로 손을 잡거나 이야기를 나누지는 않았는지, 그들이 함께했던 일들 중에서 플라이오세(약 533만 년 전에 시작된 신생대 제3기 후반의 지질시대로, 현재의 대륙 구조가 완성되고 포유류가 등장했다/역주)가 시작되면서 사라져버린 것이 무엇인지가 궁금하지 않을 사람이 어디 있겠는가?"라고 했다.[52]

우리 조상이 식량을 찾기 위해서 더 멀리 가고, 더 멀리 있는 포식자의 위험을 알아챌 수 있었던 것은 이족 보행 덕분이었다. 또한 인간은 이족 보행을 하면서 두 손으로 음식을 나르고, 도구를 만들고, 무기를 사용할 수 있게 되었다. 그러나 혁신에는 반드시 대가가 따른다. 이족 보행을 위해서는 다리뼈의 구조에 상당한 변화가 필요했다. 대퇴골이 더 길어져야 했고, 골반은 짧고 넓어져야 했다. 또한 그런 뼈를 똑바로 세워서, 달리는 자세를 갖추기 위해서는 대둔근이라는 엉덩이 근육이 강력해져야만 했다.

이족 보행이 실질적으로 생존에 도움이 되려면 이런 모든 변화가 먼저 일어났어야 했다. 실제로 진화의 과정에서 이족 보행이 어떻게 시작되었는지는 여전히 분명하지 않다. 그러나 말 그대로 첫 발걸음은 나무에서 시작되었다는 것이 흥미로운 가능성이다. 긴팔원숭이와 오랑우탄은 나무 끝에 있는 즙이 많은 나뭇잎과 열매를 먹기 위해서 나뭇가지 위에서 두 발로 걷기도 한다. 우리의 조상도 똑같이 행동했을 가능성이 있다. 사바나로 나가야만 했던 우리 조상은 안전을 위해서 먼저 나무들 사이를 건너다니면서 걷는 습관을 익히기 시작했을 수 있다.

우리의 오스트랄로피테쿠스 조상은 똑바로 서서 걸었지만 뇌는 여전히 작았다. 다른 유인원의 뇌보다는 조금 컸지만 대략 자몽 정도의 크기였다. 그러나 이들 이후에 진화한 원인들에게는 뇌가 점점 더 커지는 경향이 나타났다. 그 이유는 대략 200만 년에서 40만 년 전에 불을 다루고, 음식을 조리하는 방법을 알아냈기 때문이다. 고릴라와 같은 유인원은 음식을 소화하기 위해 몸집에 비해 상당히 큰 위가 필요하다. 소화기관이 많은 에너지를 소비하기 때문이다. 그러나 음식을 조리하면 긴 사슬의 단백질이 유용한 아미노산으로 분해된다. 조리가 몸 바깥에서 위의 기능을 하여 몸 안에 있는 위의 부담을 덜어주는 것이다. 소화에 필요한 에너지가 줄어들면, 뇌가 활용할 수 있는 에너지가 늘어난다. 뇌는 많은 에너지를 소비하는 것으로 악명이 높다. 몸이 사용하는 전체 에너지의 대략 20퍼센트를 소비하는 수준이다.

뇌의 크기가 커진 또다른 이유는 식물보다 더 농축된 에너지원으로 알려진 육류를 포함한 식사를 시작한 것이었다. 뇌가 점점 더 커지면서, 우리의 조상은 많은 사람들과의 정교한 협력을 통해서 사바나의 크고 위험한 동물들을 사냥하는 등 훨씬 더 복잡한 활동을 할 수 있게 되었다. 남성과 여성의 체구의 차이가 계속 줄어든 것은 더 많은 협력의 증거이다. 암컷을 차지하기 위해서 치열하게 경쟁해야 하는 종의 수컷은 다른 수컷을 물리치기 위해서 암컷보다 몸집이 훨씬 더 커야 한다. 경쟁이 심하지 않으면 그런 성적 이형성異形性이 필요하지 않게 되고, 일부일처제도 가능해진다. 그리고 집단의 구성원으로서 함께 사냥하려면 수컷들 사이의 경쟁이 줄어야 한다.

큰 뇌를 가지게 된 우리 조상은 도구를 개발할 수 있었다. 그러나 오랜 시간이 흐르는 동안에 도구의 설계가 거의 변하지 않았다는 것은 놀라운 사실이다. 오스트랄로피테쿠스의 마지막 시기였던 약 260만 년 전에 등장한 최초의 도구는 자갈의 끝을 깨뜨려서 날카로운 모서리가 노출되도록 만든 것이었다. 이런 특징은 100만 년 동안 거의 변하지 않았다. 과거의 돌도끼보다 더 길고 더 잘 다듬은 모서리를 가진 정교한 돌 손도끼가 등장한 것은 약 170만 년 전이었다. 그러나 그렇게 등장한 돌도끼도 고인류학자들이 "140만 년의 지루한 시기"라고 부르는 30만 년 전까지 변함없이 유지되었다.

물론 도구가 목재로 만들어져서 지금까지 남아 있는 것이 없는지도 모른다. 그러나 변화가 없었던 이유는 대부분의 인류 역사에서 우리의 조상은 기껏해야 50여 명의 작은 집단으로 살았기 때문이다. 혁신이 널리 퍼질 기회가 없었다는 뜻이다. 불의 사용과 같은 중요한 발전은 여러 차례에 걸쳐서 시작되었다가, 사라지고, 다시 개발되는 과정이 되풀이되었을 것이다. 농경의 시작과 함께 잉여의 식량이 생기기 시작하면서 대규모 집단생활을 통한 상호작용이 활발하게 이루어졌다. 대규모 집단에서 혁신이 빠르게 퍼져나갈 수 있었던 것은 마지막 빙하기의 끝 무렵인 1만3,000년 전이었다.

명백한 인간의 체형을 가진 최초의 원인은 180만 년에서 190만 년 사이에 등장했던 호모 에렉투스였다. 햇빛에 노출되는 몸의 면적을 최소화시켜주는 직립 보행이 초원의 열린 공간에서는 장점으로 작용했을 것이다. 아마도 우리 조상은 이 시기에 털을 잃고, 유별나게 벌거벗은 유인원이 되었을 것이다. 털이 없는 피부를 가진 호모 에렉투스는 땀으로 효율적으로 체열을 방출할 수 있었다. 또한 강력한 대둔근으로 움직이는 긴 다리를 가져서 태생적으로 잘 달릴 수 있었다. 그들은 사냥감이 지쳐서 쓰러질 때까지 쉬지 않고 달리면서 먼 거리까지 쫓아갔을 것이다. 호모 에렉투스보다 훨씬 더 빨리 달리는 동물도 많았겠지만, 더 오래 달릴 수 있는 포식자는 없었을 것이다. 늑대도 오래 달리지는 못한다.

아마도 기후 변화 때문에 아프리카를 떠났던 최초의 원인도 역시 호모 에렉투스였을 것이다. 호모 에렉투스는 대략 180만 년 전에 처음으로 서아시아로 퍼져나갔고, 그후에는 동아시아와 남유럽으로 이주했다. 대략 60만 년 전에 네안데르탈인과 현생 인류의 조상인 호모 하이델베르겐시스가 두 번째로 아프리카를 떠나기 시작했을 것이다. 비록 아프리카가 인류 진화의 요람이라는 인식이 널리 퍼져 있지만, 아프리카의 바깥에서 일어난 진화로 등장한 원인이 다시 아프리카로 돌아왔을 가능성도 배제할 수는 없다. 현재까지 남아 있는 많지 않은 화석의 기록만으로는 그런 사실을 확실하게 밝혀낼 수 없다.

약 30만 년 전 아프리카에서 등장한 호모 사피엔스의 뇌는 그들의 선조보다 크기가 월등하게 컸고, 대뇌 피질로 가득 채워져 있어서 가장 높은 수준의 정신력을 발휘할 수 있었다. 그들은 대략 10만 년 전과 대략 6만 년 전에 대륙을 떠나서 아프리카를 먼저 벗어났던 다른 원인들을 점진적으로 대체하기 시작했다.

유럽에서는 현생 인류와 네안데르탈인이 만나게 되었다. 그들은 약 4만 년 전 네안데르탈인이 멸종될 때까지 수만 년 동안 이 눈두덩이가 튀어나온 건장한 원인과 함께 살았다. 실제로 네안데르탈인은 멸종되었다기보다 우리 종과 이종교배가 되었을 것이다. 이런 사실은 오늘날 유럽인의 DNA의 약 2퍼센트가 네안데르탈인에게서 유래되었다는 사실로부터 짐작할 수 있다. 한 사람이 가지고 있는 2퍼센트가 다른 사람이 가지고 있는 2퍼센트와 똑같지는 않으며, 지구상에는 대략 80억 명의 사람들이 살고 있기 때문에 현재 남아 있는 네안데르탈인의 DNA가 실제 네안데르탈인이 지구에서 살아 있었을 때보다 훨씬 더 많다는 사실은 놀랍다!

네안데르탈인은 우리와 함께 살았던 마지막 인간 종이었지만, 경쟁은 치열했다. 현생 인류가 대략 5만 년 전 도착했던 인도네시아의 플로레스 섬에는 호모 플로레시엔시스가 살고 있었다(결과는 재앙적이었다). 2004년에서야 존재가 확인된 그들은 키가 믿기 어려울 정도로 작은 1미터에 불과했기 때문에 "호빗"(영국의 소설가 J. R. R. 톨킨의 『반지의 제왕[*The Lord of the Rings*]」에 등장하는 난쟁이 인종/역주)이라는 별명으로 알려졌다. 섬 왜소증island dwarfism은 식량 자원이 제한된 좁은 지역에 사는 종에게 흔히 나타나는 현상이다. 그러나 인간 종 중에서는 호모 플로레시엔시스가 그런 운명에 처한 것으로 알려진 유일한 사례이다.

호모 플로레시엔시스는 호모 에렉투스의 후손이었을 수도 있다. 물론 호모 에렉투스 이전에 아프리카를 떠난 알려지지 않은 원인의 후손이었을 수도 있다. 대략 180만 년 전에는 엄청난 양의 바닷물이 빙하로 얼어 있었기 때문에 동아시아에는 오늘날보다 훨씬 더 많은 육지가 있었고, 배를 타지 않고도 오늘날 섬으로 남아 있는 플로레스와 같은 지역에 도달할 수 있었을 것이다.

지구촌 전체로 퍼져나갔던 현생 인류는 호모 플로레시엔시스와 네안데르탈인뿐만 아니라 데니소바인도 만났을 것이다. 데니소바인은 2008년 시베리아의 알타이 산맥에 있는 데니소바 동굴에서 발굴된 손가락 뼈를 통해서 알려지게 되었다. 동아시아의 사람들은 대부분 데니소바인의 DNA를 가지고 있는 것으로 밝혀졌다. 이런 과정에서 의문이 제기되었다. 우리가 놓쳐버린 원인 종은 얼마나 많을까? 대부분의 원인은 인구가 10만 명이나 기껏해야 100만 명을 넘지 않았을 것이므로, 화석화된 뼈는 매우 희귀할 수밖에 없다. 호모 사피엔스나 호모 사피엔스의 다른 조상과의 혼혈을 통해서 분명한 DNA를 남기지 않았다면, 종 전체가 어떠한 흔적도 남기지 못했을 수도 있다.

호모 사피엔스가 현존하는 최후의 인간 종이 된 이유는 여전히 불

분명하다. 그러나 한 가지 가능성은 우리의 성장기가 유난히 길다는 사실과 관련이 있을 수 있다. 지난 150만 년 동안의 자연선택에 의한 진화를 통해서 우리의 영아기와 유년기 사이의 시간이 6년이나 길어졌다. 그리고 이것은 직립 보행의 결과라고 할 수 있다. 직립 자세 때문에 엉덩이와 아이가 태어나는 산도産道가 좁아졌기 때문이다. 우리의 뇌가 커진 것도 조기 출산에 한몫을 했고, 결국 태아 상태의 신생아는 자궁 바깥에서 신체의 많은 부분을 완성시켜야 했다.

결정적으로 네안데르탈인은 유년기가 훨씬 더 짧았고, 열한 살이나 열두 살이 되면 성적으로 성숙했다는 증거가 남아 있다. 뇌의 가소성이 여전히 뛰어나며, 재구성이 가능한 시기인 유아기가 길어지면서, 빠르게 변화하는 환경에 적응하는 우리의 능력도 강화되었다. 그리고 네안데르탈인은 기후가 빠르게 변했던 마지막 빙하기의 끝 무렵에 완전히 사라져버렸다. 미국의 저술가 칩 월터에 따르면, "우리의 유년기가 길지 않았다면 우리는 현존하는 마지막 유인원으로 살아남지 못했을 것이다."[53]

조상과 크게 다르지 않은 DNA를 가진 우리가 놀라울 정도로 다양한 능력을 가지게 된 것도 유아기 동안에 완성되는 뇌의 엄청난 적응 덕분일 수 있다. 우리와 DNA의 98-99퍼센트를 공유하는 침팬지는 놀랍게도 언어를 사용하지도, 도시를 건설하지도, 스마트폰을 발명하지도, 달까지 날아가지도 못한다. 1퍼센트에서 2퍼센트에 지나지 않는 유전적 차이가 실제 세상에서는 놀라울 정도로 엄청난 장점으로 증폭된 이유는 무엇이었을까?

14

블랙홀

시공간에 충분한 질량이 밀집되면 빛을 포함한 어떤 것도
빠져나갈 수 없는 무한히 깊은 구덩이가 등장한다

"자연에서의 블랙홀은 우주에 존재할 수 있는 가장
완벽한 거시적 대상이다. 블랙홀을 구성하는 유일한
요소는 공간과 시간에 대한 우리의 개념이다."
―수브라마니안 찬드라세카르[54]

극단적으로 무거운 별에서는 중력이 너무 커서 빛조차 빠져나오지
못할 것이라는 사실을 처음 알아낸 사람은 존 미첼이라는 18세기의
성직자 겸 박식가였다. 그러나 "검은 별"의 존재에 대한 그의 예측은
그런 천체가 자체의 엄청난 중력에도 불구하고, 작고 무거운 점으로
압축되지 않은 상태로 존재할 수 있다는 잘못된 가정에서 시작된 것
이었다. 중력이 엄청나게 강해지면 어떤 일이 일어날지를 현실성 있
게 설명하기 위해서는 뉴턴의 역학을 대체한 아인슈타인의 중력 이
론이 필요했다. 그러나 놀랍게도 그런 설명을 해낸 사람은 아인슈타
인이 아니었다.

베를린의 천문학 교수였던 카를 슈바르츠실트는 제1차 세계대전이 발발하자 마흔하나의 나이에 자원 입대했다. 반反유대인 정서가 퍼지고 있던 상황에서 그는 유대인도 애국적인 독일인이 될 수 있다는 사실을 스스로 보여주어야 한다고 믿었다. 벨기에의 기상 관측소에서 근무한 후 1915년 12월 말에 프랑스의 포병 부대에서 포탄의 탄도를 계산하던 그는 온몸에 수포水疱가 생기는 병에 걸렸다. 그는 알자스 전선의 밀루즈에 있는 야전 병원에서 면역 체계가 자신의 피부를 공격하는 자가면역 이상으로 불치의 천포창天疱瘡*에 걸렸다는 진단을 받았다.

아인슈타인은 1915년 11월 베를린의 프로이센 과학 아카데미에서 했던 4주일 동안의 강연에서 새로운 중력 이론을 소개했다. 전선에서 질병으로 휴가 중이었던 슈바르츠실트도 그의 11월 18일 강의를 들었다.[55] 태양과 지구 사이의 중력이 지구를 궤도에 붙잡아두는 눈에 보이지 않는 밧줄이라고 생각했던 뉴턴과 달리, 아인슈타인은 사실 태양의 질량이 그 주위의 시공간을 휘어지게 만들어서 계곡이 생기고, 지구는 룰렛의 구슬처럼 계곡 윗부분의 경사를 따라 움직인다는 사실을 알아냈다.

그러나 주어진 질량이 시공간을 휘어지게 만드는 정도를 정확하게 알아내는 것이 문제였다. 아인슈타인은 중력을 설명하는 뉴턴의 방

---

* 오늘날에도 스테로이드 계열의 약물로 증상을 완화시킬 수는 있지만 완치는 불가능한 질병이다.

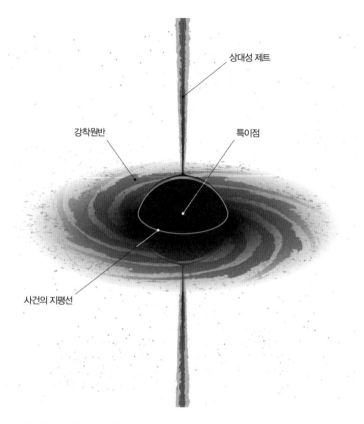

상대성 제트

강착원반

특이점

사건의 지평선

중력 엔진 일부 은하의 중심에 있는 초대질량 블랙홀은 모체 은하를 고속으로 뚫고 나오는 물질의 제트(jet)를 통해서 엄청나게 먼 거리까지 영향을 미친다.

정식 1개를 10개의 방정식으로 대체했기 때문에 그 값을 알아내는 일은 무척 어려웠다. 아인슈타인도 태양과 같은 별 근처의 시공간이 휘어지는 정도를 대략적으로 계산할 수 있었을 뿐이다. 그러나 아인슈타인을 능가하는 재능을 가지고 있었던 슈바르츠실트는 휘어진 정도를 정확하게 알아낼 수 있었다. 그는 자신의 계산 결과를 베를린의 아인슈타인에게 보냈고, 결과를 받은 아인슈타인은 깜짝 놀라지 않을 수 없었다.

그러나 슈바르츠실트의 업적은 그것으로 끝이 아니었다. 그는 별의 질량이 더욱 작은 크기로 수축하게 되면 그 주위에 있는 시공간의 계곡이 더욱 깊어질 것이고, 결국에는 빛을 포함한 어떤 것도 빠져나갈 수 없는 무한히 깊은 구덩이가 만들어진다는 사실을 알아냈다. 반세기 동안은 이런 현상에 대한 이름도 붙여지지 않았다. 그러나 오늘날의 지구상에는 그것의 이름을 모르는 사람이 거의 없을 정도로 사정이 달라졌다. 그 이름은 바로 블랙홀이다.[56]

더 이상 태울 수 있는 연료가 없어서 수명을 다하고, 모든 것을 끌어당기는 중력을 이겨내고 바깥으로 팽창하는 열을 발생시키지 못하게 되면, 무거운 별은 블랙홀로 변하게 된다. 이런 생각을 했던 사람이 슈바르츠실트 혼자만은 아니었다. 그러나 정작 아인슈타인은 그런 블랙홀이 실제로 만들어질 수 있다고 믿지 않았다. 당시에 그는 자신의 이론에 과거에 일어났던 빅뱅의 의미가 포함되어 있다는 사실도 알아채지 못했다(아무도 완벽할 수는 없는 법이다). 별이 블랙홀이 될 정도로 작게 수축하면, 그 중력은 별이 무한히 작아질 때까지 계속해서 작용할 것이라는 점이 문제였다. 그런 특이점은 도저히 말이 되지 않을 정도로 터무니없는 것이었다. 그런 특이점의 존재는 이론에 심각한 문제가 있어서 더 이상 의미 있는 이야기를 할 수 없게 되었다는 뜻이었다.

물리학자들은 자연에는 별이 중력에 의해 그렇게 끔찍한 특이점으로 수축되지 않게 해줄 방법이 있을 것이라는 사실을 밝혀내기 위해서 수십 년 동안 애를 썼다. 1920년대에는 양자 이론에 큰 희망을 걸었다. 양자 이론에 따르면, 물질의 궁극적인 구성 요소를 충분히 수축시키면 하이젠베르크의 불확정성 원리를 따라 성난 벌떼처럼 다시 팽창하게 된다(양자 이론에 대해서는 제7장을 참조). 그러나 1930년에는 수브라마니안 찬드라세카르라는 열아홉 살의 인도 출신의 물리학자가 별의 질량이 태양의 1.4배 이상이면, 그마저도 별이 크기가 없는 점으로 급격하게 수축하는 것을 막을 수 없다는 사실을 밝혀냈다.

블랙홀의 형성을 방해할 또다른 희망은 회전이었다. 어쩌면 회전하는 별에서 바깥쪽으로 작용하는 원심력이 안쪽으로 작용하는 중력을 막아줄 수도 있을 것이다. 그런데 1963년 뉴질랜드의 수학자 로이 커가 회전하면서 수축하는 별 주변에서 나타나는 시공간의 곡률에 대한 정확한 표현식을 발견했다. 그의 방정식을 따르면 여전히 블랙홀은 생성이 가능했다. 훗날 찬드라세카르는 "45년이 넘는 시간 동안 과학자로 살았던 내 평생에서 가장 충격적인 경험은 커가 발견한 아인슈타인의 일반 상대성 이론의 정확한 풀이가 실제로 우주에 존재하는 엄청나게 많은 무거운 블랙홀들의 정확한 수를 알려준 것"이라고 했다.

무거운 별은 균일하게 수축하지 않기 때문에 모든 물질이 정확하게 똑같은 시간에 한곳으로 모여들지 않을 수도 있다. 따라서 블랙홀이 탄생하는 특이점이 되지 않을 가능성은 여전히 남아 있다. 그러나 1965년에서 1970년 사이에 영국의 물리학자 로저 펜로즈와 스티븐 호킹이 몇 가지 특이점 정리를 증명했다. 중력에 의한 수축이 아무리 불균일하더라도 특이점은 피할 수 없다는 사실을 증명한 것이다.

그러나 블랙홀의 수학적 이해에 대한 이런 놀라운 발전들에도 불구하고 우주에서 실제로 블랙홀의 존재를 찾는 일을 진지하게 받아들이는 사람은 거의 없었다. 누구나 빛을 포함한 모든 것을 빨아들이는 블랙홀은 검은색이고, 검은 공간의 배경에서는 검은색의 블랙홀을 절대 찾아낼 수 없다고 생각했기 때문이다. 그러나 이것은 터무니없는 생각이었다. 모든 사람이 놓친 사실은 실재하는 블랙홀이 수학적 블랙홀처럼 완벽하게 고립된 상태로 존재하지 않는다는 것이었다. 블랙홀도 은하의 다른 물질 안에 들어 있다. 이 사실은 모든 것을 변화시킨다.

1971년 영국 이스트서식스 주 허스트먼소에 있는 왕립 그리니치 천문대의 폴 머딘과 루이스 웹스터는 백조자리에서 관측된 강력한 X−선 광원의 정체를 밝혀내려고 애를 쓰고 있었다. 그들은 **아무것도 없는 곳**을 맴도는 HDE 226868이라는 초거성超巨星을 주목했다. 그들은 초거성의 공전 주기가 5.6일이라는 사실로부터 그 아무것도 없는 곳의 질량이 태양보다 적어도 4배 이상 더 나간다고 확신했다. 충분히 무거운 동시에 지극히 검은색이어야 한다는 사실에 맞는 유일한 가능성이 바로 블랙홀이었다.

백조자리 X−1은 천문학자들이 우리은하에서 지금까지 발견한 10여 개가 넘는 블랙홀 중에서 최초로 확인된 것이었다. 고에너지의 빛인 X−선은 초거성에서 떨어져 나온 물질들이 하수구로 빨려 들어가는 물처럼 블랙홀로 휘감겨 들어가는 과정에서 뜨겁게 달아올라 빛을 내는 것이었다. 머딘과 웹스터는, 블랙홀은 정말 검은색이지만 블랙홀이 존재하는 환경은 그렇지 않다는 사실을 증명했다.

백조자리 X-1은 무거운 별이 수명을 다해서 초신성으로 폭발하는 과정에서, 역설적으로 그 중심이 안쪽으로 폭발하면서 만들어지는 별질량 블랙홀stellar-mass balck hole(무거운 별이 붕괴되어 탄생하는 블랙홀/역주)이었다. 당시에는 아무도 알아채지 못했지만, 사실 그보다 8년 전에 전혀 다른 유형의 블랙홀에 대한 근거가 밝혀졌다. 1963년 패서디나에 있는 캘리포니아 공과대학교의 네덜란드 출신의 미국인 천문학자 마르턴 슈밋이 퀘이사quasa(지구로부터 수십억 광년 떨어진 활동 은하[active galaxy]의 핵으로, 태양보다 몇조 배나 강한 빛을 낸다. 항성과 비슷하게 보인다는 뜻에서 준항성이라고 부르기도 한다/역주)를 발견했다. 태양계 정도의 크기를 가진 공간에 해당하는 점광원pinpoints of light에서 방출되는 빛은 1,000억 개의 별들로 이루어진 보통의 은하에서 방출되는 빛의 약 100배나 되는 엄청난 양이었다. 효율이 낮은 핵반응으로 에너지를 공급받는 별에서는 그렇게 강한 빛이 방출될 수 없다. 그런데 1969년에 케임브리지의 천체물리학자 도널드 린든-벨은 물질이 강착원반accretion disc을 통해서 블랙홀로 휘감겨 들어가면서 수백만 도로 가열되어야 그런 현상이 나타날 수 있다는 사실을 알아냈다. 그러나 이 현상은 백조자리 X-1과 같은 별질량 블랙홀이 아니라 태양의 질량보다 수백억 배나 더 무거운 초대질량 블랙홀supermassive black hole(무거운 별에서 만들어지는 별질량 블랙홀과 달리 대부분의 무거운 은하의 중심을 차지하고 있는 블랙홀/역주)에서나 가능하다.

그런데 별이 아니라 은하의 중심에 있는 초대질량 블랙홀에서 에너지를 공급하는 것은 퀘이사만이 아니다. 퀘이사는 시퍼트 은하Seyfert Galaxy(1943년 C. K. 시퍼트가 처음 연구하기 시작한 격렬한 활동 은하핵을 가진 은하/역주)와 블레이자blazar(밝기가 급격하게 변화하는 매우 밝은 활동성 은하/역주)를 포함한 다른 종류로 분류되는 은하의 일부이다. 이런 활동 은하는 전체 은하의 대략 1퍼센트에 지나지 않기 때문에 초대질량 블랙홀은 매우 드문 변칙이라고 생각할 수도 있었다. 그러나 1990년대에 NASA가 지구 대기에 의한 번짐 효과가 없을 정도로 높은 궤도에 올려놓은 허블 우주 망원경을 통해서 많은 은하의 중심에 있는 놀라울 정도로 빠르게 움직이는 별들을 관측했고, 그런 별들이 초대질량 블랙홀의 중력에 의해서 휘감겨 돌고 있다는 사실을 증명할 수 있었다. 이제 우리는 거의 모든 은하의 중심에 초대질량 블랙홀이 있다는 사실을 알게 되었다. 99퍼센트의 은하에서 동력원이 되는 가스와 떨어져 나간 별들이 고갈되었기 때문에 활동성 은하가 아닐 뿐이다.

2019년 4월에 전 세계의 전파 망원경을 모두 활용하는 사건의 지평선 망원경Event Horizon Telescope(EHT)을 이용해서 최초로 M87 은하 근처에 있는 태양 질량의 65억 배나 되는 거대한 천체인 블랙홀의 영상을 촬영했다. 안쪽으로 빨려드는 빛과 물질이 되돌아 나올 수 없는 사건의 지평선 위로 격렬하게 쏟아지는 뜨거운 가스의 모습은 우리 우주에서 다시는 볼 수 없는 광경이었다. EHT 연구진은 우리은하의 중심에 있는 태양의 질량보다 430만 배나 더 나가는 궁수자리 A*

의 초대질량 블랙홀에서 관측한 자료를 더 오래 분석했다. 그 영상은 2022년 5월 12일에 공개되었다.

모든 은하의 중심에 초대질량 블랙홀이 존재하는 이유는 아무도 모른다. 초대질량 블랙홀이 먼저 만들어지고, 그것이 주위의 별을 끌어모으는 씨앗의 역할을 했을까? 아니면 은하가 먼저 만들어지고, 그후에 중심에 초대질량 블랙홀이 만들어졌을까? 이런 의문은 궁극적으로 우주적 차원의 닭과 달걀의 문제이다. 천문학자들은 별질량 블랙홀이 무거운 별이 초신성으로 폭발하는 진화의 종말점이라는 사실에 대해서는 대체로 확신하지만, 초대질량 블랙홀이 어떻게 탄생하는지는 아무도 알아내지 못하고 있다. 그런 블랙홀들은 밀집된 별집단에서 일어나는 별들의 융합으로 만들어지는 것일까, 아니면 거대한 가스 구름이 직접 뭉쳐져서 형성되는 것일까? 탄생 이후 수백만 년도 되지 않았지만 이미 중심에 태양 질량의 수십억 배의 블랙홀이 생성되어 있는 은하가 관찰되면서 이런 수수께끼는 더욱 어려운 문제가 되고 말았다.

초대질량 블랙홀도 우주적 규모에서는 작은 것이다. 그들의 모체가 되는 은하와 비교하면 그런 블랙홀은 로스앤젤레스 크기의 도시 옆에 있는 박테리아 한 마리와 같은 정도이다. 그러나 크기는 중요하지 않다. 결정적으로 중요한 사실은 그런 블랙홀이 쏟아내는 에너지의 양이 엄청나다는 것이다. 초대질량 블랙홀의 힘은 극 부분에서 외부로 쏟아내는 초고속의 물질 제트를 통해서 짐작할 수 있다. 제트 분사가 빠른 은하의 내부 영역에서는 새로운 별의 생성에 필요한 가스 상태의 원료 물질이 강하게 뿜어져 나와서 별의 생성이 불가능하고, 제트 분사가 느려지는 바깥 영역에서는 가스가 압축되어 별의 생성이 가능해진다.

EHT에서 관측하는 더 많은 초대질량 블랙홀의 영상이 아인슈타인 중력 이론의 예측을 보다 정확하게 시험할 수 있도록 해줄 것이다. 일반적으로 블랙홀은 우리 물리학의 기본 이론에 대한 시험대이다. 아인슈타인의 중력 이론이 블랙홀의 중심에 터무니없는 특이점의 존재를 예측했다는 사실은, 중력 이론이 그곳에서는 성립하지 않기 때문에 더 심오하고 좋은 이론이 필요하다는 뜻이다. 그런 점에서 양자 이론은 물질의 궁극적인 구성 요소로 이루어진 미시 영역과 그 구성 요소들을 서로 결합시켜주는 세 가지의 비非중력적 힘에 관해서는 놀라울 정도로 성공적이었다. 따라서 아인슈타인 중력 이론과 양자 이론을 결합한 "만물의 이론"이 블랙홀의 중심에서 실제로 무슨 일이 벌어지고 있는지를 밝혀줄 것이라는 희망을 품게 된다.

블랙홀은 이미 아인슈타인의 중력 이론과 양자 이론 사이의 뜻밖의 심오한 관계를 보여주었다. 1973년에 스티븐 호킹은 블랙홀을 둘러싼 사건의 지평선의 단방향 막one-way membrane에 의한 양자적 결과를 연구했다. 양자 이론에 따르면, 블랙홀에서 먼 곳에서는 정말 눈 깜짝할 사이에 나타났다가 사라지는 반反입자와 아원자 입자의 에너지가 진공 속에서 소용돌이치고 있다. 그러나 사건의 지평선의 가장자리에서는 전혀 새로운 일이 일어난다. 입자-반입자 쌍이 만들어진 후에 그중 하나만 사건의 지평선을 통해 블랙홀로 빨려 들어가버린다. 함께 소멸되어야 할 짝을 잃어버린 나머지 입자는 영원히 존재할 수 있게 된다. 이 입자는 "가상 입자virtual particle"에서 "실제 입자real particle"로 승격된다(반입자에 대한 추가 설명은 제19장 참조).

호킹에 따르면, 블랙홀에서부터 소위 "호킹 복사Hawking radiation"에 의해서 만들어지는 그런 입자들이 끊임없이 흘러나오고 있다. 결국 블랙홀은 검은색이 아니다! 그보다 앞서 이스라엘의 물리학자 야코브 베켄슈타인은 블랙홀의 표면적이 엔트로피에 해당한다는 사실을 알아냈다. 엔트로피는 계의 무질서도를 나타내고, 온도와 관련되는 열역학적인 양이기 때문에 이는 놀라운 사실이었다. 그러나 방출되는 모든 것은 온도를 가지고 있고, 블랙홀이 물질을 방출한다는 호킹의 발견은 블랙홀도 온도를 가지고 있어야 한다는 뜻이었다.

별질량 블랙홀의 경우에는 호킹 복사가 지극히 약하지만, 빅뱅에서 탄생한 작은 블랙홀은 호킹 복사가 상당히 강할 수 있다. 호킹 복사의 에너지도 어딘가로부터 공급되어야 한다. 그 에너지는 중력장 자체에서 공급된다. 그래서 시간이 지나면 중력장은 점진적으로 약해지고, 결국 블랙홀은 호킹 복사의 눈부신 섬광 속으로 사라져버린다. 그런데 정보는 파괴될 수 없다는 것이 양자 이론의 기본적인 성질이기 때문에 이런 사실은 심각한 문제가 된다. 블랙홀이 "증발해서" 사라지게 되면, 블랙홀이 된 별을 설명하던 정보들, 즉 별을 구성하던 모든 원자의 종류와 위치를 설명해주는 정보들은 모두 어디로 갈까? 이것은 우리 과학이 아직까지 해결하지 못하고 계속해서 논쟁을 이어가고 있는 문제들 중 하나이다.

미국의 물리학자 존 휠러는 이렇게 말했다. "블랙홀은 우리에게 공간이 종잇조각처럼 무한히 작은 점으로 구겨질 수 있고, 시간도 바람에 꺼지는 불꽃처럼 사라질 수 있으며, 우리가 '성스럽고 불변한다'고 생각하는 물리 법칙도 사실은 아무것도 아닐 수 있다는 사실을 알려 준다."[57]

15

표준모형

세계의 복잡성은 세 가지의 기본 힘으로 결합된
세 종류의 기본 구성 요소들의 배열로 탄생한다

"우리는 우주에서 무슨 일이 일어나고 있는지, 입자란 무엇인지,
자연의 기본 법칙은 무엇인지를 알고 싶어한다.
궁금한 것이 대단히 많다."
— 셸던 리 글래쇼

표준모형standard model은 세상의 궁극적인 구성 요소들과 그것들이
어떻게 서로 결합되는지를 설명하는 이론이다. 표준모형은 은하와
별에서부터 사람에 이르기까지 모든 것들이 궁극적으로 세 가지의
비非중력적인 힘을 통해서 상호작용하는 12개의 궁극적인 기본 입
자, 그리고 힉스 보손Higgs boson이라는 매우 특별한 입자에 의해서 어
떻게 서로 결합되는지를 설명한다.[58] 그 이름은 일상적이고 평범해
보이지만, 표준모형은 물리학의 400년 역사에서 절정이자 지금까지
알려진 과학 이론들 중에서 가장 성공적인 이론이라고 평가받고 있
다. 이스라엘 출신의 미국 물리학자 나탄 자이버그에 따르면, "10자

리의 정확도를 가진 표준모형은 과학에서 한번도 이룩한 적 없는 놀라운 성과이다."

표준모형의 기본 입자는 물질의 구성 요소인 페르미온fermion과 페르미온 사이에 작용하는 힘의 매개자인 보손boson의 두 가지로 구분된다. 전자와 같은 페르미온들은 2개의 동일한 페르미온이 공간에서 똑같은 위치를 차지하지 못한다는 파울리 배타 원리를 따른다는 점에서 보손과 구분된다.[59] 미국의 물리학자 리처드 파인먼은 "전자는 한곳에 쌓여서 테이블과 같은 단단한 고체를 만들지는 못한다"라고 말했다. 반反사회적인 성격의 페르미온과 확실하게 비교되는 광자와 같은 보손들은 분명히 사교적이다. 파울리 배타 원리가 적용되지 않기 때문에 한곳에 쌓일 수 있는 개수에 제한이 없다. 따라서 광자는 레이저 광선에서 말로 표현할 수 없을 정도로 많은 수가 함께 움직일 수 있다.

우선 물질의 입자인 페르미온을 살펴보자. 놀랍게도 우리와 우리 주위의 세상은 단순히 전자, 업 쿼크, 다운 쿼크라는 세 가지 입자의 무한히 다양한 배열로 이루어져 있다. 3개의 쿼크가 모여서 양성자와 중성자를 만든다. 양성자는 2개의 업 쿼크와 1개의 다운 쿼크로 구성되고, 중성자는 2개의 다운 쿼크와 1개의 업 쿼크로 구성된다.[60] 양성자와 중성자는 다시 뭉쳐서 원자의 핵이 되고, 여기에 전자가 더해지면 온전한 원자가 된다. 자연에는 가장 가벼운 수소에서부터 가장 무거운 우라늄에 이르기까지 92종의 서로 다른 원소가 존재한다.

우주 안의 모든 것들은 전자, 업 쿼크, 다운 쿼크의 무한한 재배열로 설명할 수 있지만, 사실은 다른 입자들과 전혀 다른 네 번째 물질 입자인, 중성미자neutrino가 존재한다. 중성미자는 전자보다 대략 100만 배 정도 가볍고, 놀라울 정도로 반사회적이어서 물질과는 믿을 수 없을 정도로 드물게 상호작용한다. 중성미자는 별이 빛나도록 해주는 핵반응의 부산물로 만들어진다(태양이 뜨거운 이유에 대해서는 제4장 참조). 엄청나게 많은 중성미자가 빅뱅의 순간에 만들어졌다. 우주에는 이런 유령 같은 입자가 넘쳐난다. 중성미자는 광자에 이어서 우주에서 두 번째로 흔한 아원자 입자이다(중성미자에 대해서는 제20장 참조).

따라서 세상의 모든 것이 네 가지 물질 입자로 구성된다. 모든 일이 이렇게 끝났다면 세상은 놀라울 정도로 단순했을 것이다. 그러나 세상은 그렇게 단순하지 않다. 자연은 알 수 없는 이유로 이 네 가지 기본적인 구성 요소를 삼중으로 복제해서 두 세트의 추가적인 "세대generation"를 만들었다. 그래서 전자, 업 쿼크, 다운 쿼크, 중성미자를 포함하는 1세대 이외에 뮤온muon, 스트레인지 쿼크strange-quark, 참 쿼크charm-quark, 뮤온 중성미자muon-neutrino로 구성된 2세대와 타우tau, 보텀 쿼크bottom-quark, 톱 쿼크top-quark, 타우 중성미자tau-neutrino로 구성된 3세대가 존재한다. 2, 3세대에 속하는 입자들은 1세대 입자보다 더 무겁다는 점에서 다르다. 뮤온은 전자와 똑같은 성질을 가지고 있지만 207배나 더 무겁고, 타우는 전자보다 3,000배나 더 무겁다. 종합하자면 쿼크가 아닌 물질 입자는 전부 렙톤lepton(경입자)이라고 부른다.

물리학자들은 물질 입자에 3개의 세대가 존재하는 이유를 전혀 이해하지 못했다. 미국의 물리학자 이지도어 아이작 라비는 1936년 뮤온의 발견 소식에 대해서 "누가 이걸 주문했지?"라고 물었다. 더 무거운 입자는 불안정해서 빠르게 익숙한 입자로 붕괴된다. 그런 입자는 아주 무거워서 생성 과정에 많은 에너지가 필요하기 때문에, 오늘날에는 입자 가속기나 고에너지 우주선의 소나기에서만 볼 수 있다. 그러나 빅뱅의 화염과 같은 고에너지 조건에서만 만들어질 수 있는 그런 입자들이 지금의 우주가 탄생하는 과정에서 핵심적인 역할을 했을 것으로 짐작된다.

우리를 구성하는 기본적인 물질 입자에 대해서는 이 정도로 살펴보기로 한다. 그렇다면 이 입자들이 서로 달라붙게 하는 기본 힘은 어떨까? 비非중력적 힘에는 전자기력, 강력, 약력 세 가지가 있다. 그리고 이런 힘들을 매개해주는 보손이라는 입자가 있다. 테니스 선수 2명이 서로 공을 주고받는 모습을 생각해보자. 테니스공이 라켓에 부딪히면 선수에게 힘이 전달된다. 힘을 매개하는 입자도 같은 방법으로 물질 입자 사이에서 힘을 전달해준다.[61]

전자기력은 세 가지 기본적인 힘 중에서 가장 익숙한 힘이다. 전자기력은 물질을 구성하는 원자들을 서로 결합시켜줄 뿐만 아니라 초연결의 전기적 세상을 만들어준다(전기에 대해서는 제2장 참조). 전자기력은 전하를 가진 모든 것에 작용한다. 또한 전자형 입자와 쿼크에는 작용하지만, 전기적으로 중성인 중성미자에는 작용하지 않는다. 정지해 있는 전자의 경우에는 바깥을 향한 진자기장이 모든 방향으로 퍼져 나간다. 그러나 자세히 살펴보면, 전자기력은 광자라는 전자기장의 입자로 이루어진다.

두 번째 기본 힘은 강력이다. 강력은 렙톤과 쿼크의 중요한 차이를 보여준다. 강력은 렙톤에는 작용하지 않고, 쿼크와 쿼크로 만들어진 양성자와 중성자에만 작용한다. 강력은 원자의 핵을 만들고, 핵분열이 일어나는 원자폭탄의 폭발에서 에너지가 방출되도록 해준다. 광자가 전자기력과 관련되듯이, 강력은 글루온gluon(사실 글루온은 한 종류가 아니라 **여덟 종류**가 있다)이라는 입자와 관련이 있다. 그리고 전자가 전자기장의 근원인 것처럼 쿼크도 글루온장gluon field의 근원이다. 그러나 중요하고 심오한 차이가 있다. 전자는 방사형으로 퍼져 나가고 멀어질수록 약해지는 전자기장을 만들어내지만, 쿼크는 유한한 길이를 가진 끈과 같이 얇고, 다른 종류의 쿼크까지 이어지는 "플럭스 관flux tube"을 만들어낸다. 강력이 거리에 따라서 약해지지 않고 강하게 남아 있는 것은 이런 이유 때문이다. 쿼크는 플럭스 관으로 연결되어 있어서 서로 떨어질 수 없다. 그래서 홀로 존재하는 쿼크는 찾아볼 수 없다.[62] 쿼크는 언제나 양성자나 중성자와 같은 합성 입자의 내부에서 서로 결합한 상태로 존재한다.

마지막 기본 힘은 강력과 마찬가지로 아원자 규모에서만 작동하는 약력이다. 약력은 유일하게 모든 입자에 작용하는 힘이다(사실 약력은 중성미자가 감지하는 **유일한** 비중력적인 힘이다). 약력은 입자를 서로 결합시키는 대신에 특이하고 놀라운 일을 한다. 약력은 쿼크의 정체성을 변화시킨다. 예를 들면, 약력은 원자핵의 중성자가 양성자로 변하는 방사성 베타 붕괴radioactive beta decay에서 중성자의 다운 쿼크를 업 쿼크로 변화시킨다. 약력은 태양을 뜨겁게 만드는 핵융합과 지구의 내부를 뜨거운 상태로 유지하여 지구에 생명이 살 수 있는 환경을 만들어주는 방사성 붕괴를 가능하게 한다(태양이 뜨거운 이유에 대해서는 제4장 참조). 더 무거운 세대의 물질 입자가 일상적인 물질을 구성하는 안정한 페르미온으로 빠르게 붕괴하는 것도 약력 때문이다.

전자기력이 광자와 관련이 있고, 강력이 글루온과 관련이 있는 것과 마찬가지로 약력을 매개하는 보손이 있다. 사실 보손에도 W^-, Z^0, W^+라는 세 가지 종류가 있다.

표준모형이라는 퍼즐의 마지막 조각은 모든 것을 묶어주는 힉스 보손이다(힉스장에 대해서는 제18장 참조). 힉스 보손은 지금까지 언급하지 않았던 표준모형의 상당히 골치 아픈 문제를 바로잡기 때문에 매우 중요하다. 바로 **어떤 물질 입자도 질량을 가지고 있지 않다**는 것이다! 힉스 보손은 모든 페르미온이 질량을 가지도록 해준다. 그런데 실제로 그런 일을 하는 것은 힉스 보손이 아니라 힉스장Higgs field이다. 그것은 공간 전체를 가득 채우고 있어서 페르미온의 움직임을 방해하여 관성이나 질량과 결부된 움직임에 저항을 일으키는 일종의 끈적한 당밀 같은 것으로 생각할 수도 있다. 그러나 페르미온은 장場에 대하여 정지해 있는 경우에도 질량을 가지기 때문에 그것을 완벽한 비유라고 하기는 어렵다.

우리가 한번도 존재를 생각해본 적이 없는 힉스장 속에서 살아가

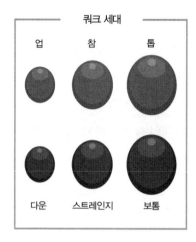
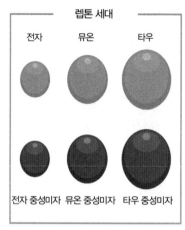

쿼크 세대

업	참	톱
다운	스트레인지	보톰

렙톤 세대

전자	뮤온	타우
전자 중성미자	뮤온 중성미자	타우 중성미자

3개씩 모인 집단 놀랍게도 일상의 모든 물질은 업 쿼크, 다운 쿼크, 전자(그리고 전자-중성미자)라는 단지 세 가지 입자의 배열로 만들어진다. 그러나 어떤 신비로운 이유로 자연은 이 기본 구성 요소들을 3개씩 짝지어놓았다.

고 있다고 믿기는 어려울 수도 있다. 그러나 어느 한곳의 장에 충분한 양의 에너지를 주입하면 이 에너지가 장에 물결을 만들어내는데, 그것이 바로 힉스 보손이다. 2012년 7월 4일 제네바의 대형 강입자 충돌기Large Hadron Collider에서 연구하던 물리학자들이 바로 그런 입자를 발견했다. 그리고 2013년에 피터 힉스는 1964년에 힉스 보손의 존재를 예측한 통찰력 덕분에 노벨 물리학상을 공동 수상했다.

이렇게 표준모형이 완성되었다. 표준모형은 페르미온인 12개의 물질 입자와 보손인 12개의 힘을 매개하는 입자, 그리고 힘을 매개하지 않는 유일한 입자이면서 고유하고 특별한 역할을 하는 힉스 보손으로 구성된다.

실제로 옥수수 밭을 가로질러서 전파되는 파동처럼 힉스 보손이 힉스장의 물결이라는 사실이 표준모형에 등장하는 모든 기본 입자들의 정체를 설명해준다. 기본 입자는 모든 공간을 채우고 있는 양자장에서 파도처럼 오르내리는 물결과 같다(양자 이론에 대해서는 제7장 참조). 물론 전자기장은 이러한 물결이 광자이다. 그리고 물결이 전자인 전자장도 있다. 궁극적으로 장場이 모든 것을 만든다. 힉스 보손은 입자로 구성된 물리적 세계를 구성하는 모든 장의 상호작용과 물리학 법칙의 선율에 맞추어 정교한 춤을 춘다. 물질이 궁극적으로 그런 장으로 이루어져 있고, 표준모형은 근본적으로는 양자장 이론이지만, 표준모형은 여전히 입자의 언어로도 이해될 수 있다.

표준모형은 우리가 세상에서 보는 것을 놀라운 수준으로 정확하게 예측하는 데에 큰 성공을 거두었다. 그런데 그 성공은 **지나칠** 정도이다. 우리는 표준모형이 완벽한 진리가 아니라는 사실을 알지만, 그 안에 존재할지도 모르는 더욱 심오하고 진리에 가까운 이론을 암시하는 어떠한 빈틈도 찾아내지 못했다. 우리가 표준모형이 완벽하지 않다고 생각하는 이유는 표준모형이 힘의 상대적인 크기나 입자의 상대적인 질량을 정확하게 예측하지는 못하기 때문이다. 예를 들면 왜 톱 쿼크는 전자보다 100만 배나 더 무거울까? 자연이 기본적인 구성 요소를 3개씩 짝지은 이유는 무엇일까? 중성미자가 매우 작은 질량을 가진 이유는 무엇일까? 물리학자들은 여전히 그 이유를 전혀 알아내지 못했다.

표준모형의 또다른 심각한 문제는 모든 기본 힘 중에서 가장 냉백

하고, 일상적인 중력을 포함하지 못한다는 것이다. 아원자 규모에서 중력은 너무 약해서 하나의 아원자 입자에는 실질적으로 아무 효과를 나타내지 못한다. 그래서 입자 실험에 중력을 어떻게 포함할 수 있을지에 대한 어떠한 실마리도 찾을 수 없다. 그러나 우리는 아인슈타인 덕분에 성공적인 중력 이론을 가지게 되었다. 다만 아인슈타인의 일반 상대성 이론에서는 중력을, 나머지 세 가지 힘의 경우처럼 유용한 힘을 매개하는 입자의 양자적 교환으로 설명하지 않고 시공간의 휘어짐으로 설명한다(일반 상대성 이론에 대해서는 제12장 참조). 현재 우리는 아인슈타인의 이론을 어떻게 "양자화"시켜서 양자 중력 효과가 작동하는 블랙홀의 내부를 살펴볼 것인지에 대한 아무런 아이디어가 없다. 미국의 물리학자 리사 랜들은 이렇게 말한다. "입자 물리학의 표준모형은 힘과 입자를 잘 설명하지만, 방정식에 중력을 포함시키는 순간 모든 것이 무너진다. 이 방정식이 작동하게 하려면 그림을 얼버무려야 한다."

그러나 표준모형의 모든 문제는 지난 수십 년 동안에 분명하게 드러난 한 가지 문제와 비교하면 사소한 것이었다. 물리학자는 표준모형으로 설명할 수 있는 것이 우주에 존재하는 질량-에너지의 5퍼센트에 불과하다는 사실을 깨달았다. 천문학자는 우주의 질량-에너지의 대략 25퍼센트가 우리가 그 존재를 확인할 수 있도록 해주는 빛을 방출하지 않고, 눈에 보이는 별과 은하는 중력으로 끌어당기는 것으로 그 존재감을 드러내는 신비한 물질의 형태로 존재한다는 사실을 발견했다. 이 "암흑 물질black matter"이 구체적으로 무엇인지는 아무도 알지 못한다. 빅뱅의 화염에서 만들어진 블랙홀이라는 주장부터 지금까지 한번도 확인된 적 없는 아원자 입자라는 주장에 이르기까지 다양한 추측이 가능할 뿐이다. 암흑 물질이 후자와 같은 입자라면, 우주의 어딘가에는 우리가 완전히 놓쳐버린 암흑의 힘을 통해서 상호작용하는 입자들로 채워진 "암흑 영역dark sector"이 존재할 수도 있다.

그러나 이런 추측이 가능하다면, 우주의 질량-에너지 중 무려 70퍼센트는 "암흑 에너지dark energy"로 존재해야 한다. 암흑 에너지는 중력에 반발하는 힘으로 나타날 것이기 때문에 우주의 팽창을 가속하게 된다(빅뱅에 대해서는 제21장 참조). 표준모형을 이용해서 추정한 진공 상태에서의 암흑 에너지의 밀도는 우리가 관찰하는 값에 1 뒤로 120개의 0이 붙은 숫자만큼을 곱한 정도가 된다. 우리가 대단히 큰 것을 놓치고 있다는 강력한 증거이다. 무엇인가 정말 큰 것을 말이다. 미국의 천문학자 스테이시 맥고프는 "우리의 현대 우주론에서 가장 당혹스러운 것은 우리 눈에는 보이지 않는 것이 세계를 지배한다는 사실"이라고 했다. "암흑 물질과 암흑 에너지는 우주의 질량-에너지 총량의 대략 95퍼센트를 차지하지만, 우리는 여전히 그 정체를 짐작만 하고 있을 뿐이다."

16

양자 컴퓨터

양자 컴퓨터는 평행 우주에 존재하는 스스로의 복사본을
활용하거나 정말 그렇게 하는 것처럼 행동한다

"주판과 세계에서 가장 빠른 슈퍼컴퓨터의 차이를
상상해보더라도, 여러분은 양자 컴퓨터가 오늘날 우리가
사용하는 컴퓨터보다 얼마나 더 강력해질 것인지
짐작조차 할 수 없을 것이다."
—줄리언 브라운[63]

앞으로 20년 이내에는 양자 컴퓨터가 문제를 해결해줄 것이다. 양자
컴퓨터는 순간적으로 엄청나게 많은 자기 복사본을 만들어서 각기
다른 계산을 동시에 수행한다. 그리고 한순간에 서로 다른 계산들이
합쳐져서 하나의 답을 내놓는다. 그것은 오늘날 세계에서 가장 빠른
슈퍼컴퓨터라도 우주의 나이보다 더 오랜 시간 동안 계산해야 얻을
수 있는 답이다. 이것이 가장 간단하게 설명한 양자 컴퓨터이다.

양자 컴퓨터는 전기가 그랬던 것처럼 세상을 몰라보게 변화시킬 것
이다. 예를 들면, 양자 컴퓨터가 신경 네트워크를 가동해서 인간의 뇌

와 동등하거나 더 뛰어난 능력을 가진 인공지능을 만들 수도 있을 것이다.

양자 컴퓨터는 평행 우주에서 수조 개의 수조 배에 이르는 자기 복제를 실제로 수행하거나, 아니면 자신이 평행 우주에서 수조 개의 수조 배에 이르는 자기 복사본을 이용하는 것처럼 행동한다. 물리학자들 대부분이 후자를 믿는다는 사실이 놀라운 일은 아니다. 그러나 양자 컴퓨터의 선구자 중 한 사람인 옥스퍼드 대학교의 데이비드 도이치는 전자를 믿는다. 그는 양자 컴퓨터가 이 세상에서 완전히 새로운 것이라고 말한다. 양자 컴퓨터는 인간이 평행 우주나 실재를 이용하도록 만든 최초의 장치라는 것이다. 앞으로 설명하겠지만 그가 그렇게 믿는 데에는 충분한 이유가 있다.

양자 컴퓨터는 원자나 원자와 비슷한 것들이 여러 계산들을 동시에 수행해서 많은 일을 한꺼번에 해치우는 능력을 이용한다(양자 이론에 대해서는 제7장 참조). 나는 1983년에 캘리포니아 공과대학(칼텍)에서 리처드 파인먼의 강의를 들으면서 처음으로 "양자 컴퓨터"에 대해서 알게 되었다. 파인먼은 원자폭탄 개발에 참여했고, 양자 전기동력학 이론을 개발한 공로로 노벨 물리학상을 받았다. 그리고 그는 봉고를 연주했다! 칼텍의 교수들은 당시 암 수술에서 회복 중이었던 파인먼에게 그가 원하는 과목을 자유롭게 강의할 수 있도록 해주었다. "컴퓨터의 가능성과 한계"라는 과목을 강의했는데, 그는 컴퓨터의 궁극적인 물리적 한계에 관심이 있었다. 부품을 얼마나 작게 만들 수 있고, 계산 속도는 얼마나 빨라질 수 있는지 등에 관한 문제였다.

당시에 컴퓨터의 기본 부품이었던 트랜지스터는 1,000억 개의 원자로 구성되어 있었다. 오늘날에는 2만5,000개의 원자로 만든다. 그러나 파인먼은 소형화를 통해서 결국에는 단 1개의 원자로 만들어진 트랜지스터가 등장할 것이고, 그런 트랜지스터는 양자 이론의 선율에 맞추어 춤을 출 것이라고 믿었다. 그는 이미 양자 컴퓨터라는 전혀 새로운 종류의 야수野獸가 탄생할 것이라고 예견했던 것이다.

일반 컴퓨터는 전류가 통하는지 아닌지에 따라서 0이나 1로 표현되는 비트bit를 사용한 트랜지스터로 만든다. 그러나 양자 컴퓨터는 0과 1을 **동시에** 나타낼 수 있는 (또는 한 우주에서는 0을 나타내고, 다른 우주에서는 1을 나타내는) 큐비트qubit라는 양자 비트quantum bit로 만든다. 결과적으로 큐비트는 동시에 두 가지 계산에 관여한다. 큐비트는 어떤 계산에서는 0이고, 다른 계산에서는 1이 될 수 있다. 1개의 큐비트 값으로 2개의 계산을 할 수 있기 때문에 한 쌍의 큐비트는 동시에 01, 11, 10, 00이라는 네 가지 가능성, 즉 동시에 4개의 계산에 관여할 수 있다. 3개의 큐비트는 8개의 계산에 관여한다.

양자 컴퓨터의 위력이 보이기 시작하는가? 일반 컴퓨터는 비트가 늘어나도 성능이 크게 향상되지 않지만, 양자 컴퓨터는 큐비트가 1개 늘어날 때 성능이 **2배 향상된다**. 이렇게 계산 성능이 지수함수적으로 늘어난다면 조만간 가장 강력한 슈퍼컴퓨터도 상대가 되지 않을 것이다.

양자 컴퓨터의 성능을 확인할 수 있는 다른 방법도 있다. 1965년 (훗날 미국의 칩 생산 기업 인텔의 공동 창업자가 된) 미국의 공학자

고든 무어는, 컴퓨터가 처리하는 비트의 수와 메모리에 저장할 수 있는 비트의 수 등을 포함한 컴퓨터의 성능이 대략 2년마다 2배씩 개선되었다는 사실을 깨달았다. 1949년 이후로 계속된 2배의 성능 향상은 무어 법칙으로 알려졌다. 이 사실을 양자 컴퓨터가 사용 가능한 큐비트의 수와 비교해볼 수 있다. 양자 컴퓨터의 성능은 대략 5년마다 2배씩 빨라진다. 이 사실이 겉보기에는 그렇게 인상적으로 보이지 않을 수도 있다. 그러나 큐비트가 1개 늘어날 때마다 양자 컴퓨터의 성능이 2배 늘어난다는 사실을 기억할 필요가 있다. 즉 초기의 양자 컴퓨터는 단순한 지수함수가 아니라 **지수함수의 지수함수**적으로 강력해진다. 다른 말로 표현하면, 무어 법칙의 2배의 성능 향상을 네 번 반복하면 일반 컴퓨터는 16배 강력해진다. 그런데 무어 법칙의 2배 향상이 네 번 반복되면 양자 컴퓨터는 6만4,000배나 더 강력해진다.

270개가 넘는 큐비트로 만든 양자 컴퓨터는 우주에 존재하는 모든 기본 입자의 수보다 훨씬 더 많은 계산을 동시에 처리하게 될 것이다. 따라서 도이치는 계산하는 양자 컴퓨터가 **어디에** 존재할 수 있을지를 묻는 것이 적절한 질문이라고 생각한다. 결국 우주에는 양자 컴퓨터를 만들 물리적 자원이 없다. 여러분이 가지고 있는 컴퓨터는 메모리가 허용하는 수준의 계산을 수행할 수 있을 뿐이다. 도이치의 답은 양자 컴퓨터가 **평행 우주**의 물리적 자원을 활용해야 한다는 의미이다. 그는 바로 양자 컴퓨터가 우리가 그런 우주를 진지하게 고려하도록 하는 장치라고 주장했다!

범용 양자 컴퓨터를 개발하려고 노력하는 사람에게는 세 가지 심각한 어려움이 있다. 첫째는 하드웨어를 구축하는 것이고, 둘째는 오류를 바로잡는 것이고, 셋째는 양자 컴퓨터로 할 수 있는 유용한 일을 찾아내는 것이다.

먼저 양자 컴퓨터를 만드는 문제를 살펴보자. 사실 양자 시스템은 실제로 작은 것이 아니라 **고립되어 있는 것**이다. 1개의 원자를 주위로부터 고립시키는 일은 여러분과 같은 큰 대상을 고립시키는 일보다 훨씬 쉬운 일이라고 말한 바 있다. 큰 물체에는 공기 분자와 빛의 광자가 끊임없이 충돌하기 때문이다. 따라서 양자 컴퓨터를 만들려는 사람들이 가장 먼저 해결해야 하는 문제는 큰 물체를 양자 상태로 유지하는 것이다. 큐비트는 너무 취약해서 주위와 충돌하면 한꺼번에 많은 일을 할 수 있는 특별한 능력을 상실한다. 원자나 전자 또는 다른 양자적 대상인 큐비트를 극단적인 진공에 붙잡아두어 공기 분자가 충돌하지 못하게 만들고, 가능한 최저 온도인 절대온도 0도에 가까울 정도로 냉각시켜서 열을 가진 광자도 충돌하지 못하게 해야 한다.

그러나 그런 일을 완벽하게 해내는 것은 불가능하다. 언제나 떠돌아다니는 공기 분자와 광자가 큐비트에 충돌해서 큐비트는 양자성을 잃고 평범한 비트가 되어버린다. 그런 일을 바로잡을 수는 있지만, 각각의 큐비트에 대한 오류의 수정에는 10에서 100큐비트가 필요하다. 일반 컴퓨터의 경우에는 1조 번의 1조 배에 해당하는 조작 operation마다 0이 1로 변하거나, 1이 0으로 변하는 오류가 발생한다. 그러나 양자 컴퓨터는 1,000번 정도의 조작마다 오류가 발생한다. 이 정도의 오류 발생은 감당할 수 없는 수준이고, 현실적으로 오류가 누적되는 속도보다 더 빨리 오류를 수정할 수 있을지도 여전히 불분명하다.

지금까지의 최고 기록은 2021년 11월에 IBM이 공개한 양자 컴퓨터로 120큐비트를 사용한 것이었다. 구글이 세운 기존 기록을 2배 가까이 넘어섰다. 그러나 이 큐비트의 수는 정확하지 않을 수도 있다. 실제로 계산에 사용되는 큐비트는 극히 일부이고, 나머지는 큐비트에 누적되는 오류를 바로잡는 역할을 해야 하기 때문이다.

실제로 양자 컴퓨터를 제작하고 오류를 바로잡는 것 이외에도, 양자 컴퓨터를 제작하려는 사람들이 극복해야 하는 세 번째 과제는 그런 컴퓨터로 할 수 있는 유용한 일을 찾아내는 것이다. 양자 컴퓨터는 계산을 스스로 수조 개의 수조 배로 나누고, 각각이 독립된 계산을 수행하지만 결국에는 그런 계산들을 다시 모아서 하나의 답을 도출한다. 각각의 계산에 접근하는 것은 불가능하고, 답을 얻기 위해서 꼭 필요한 상호작용이 양자 컴퓨터의 양자성을 파괴해버릴 수도 있다. 간단히 말하자면, 많은 양의 평행 계산이 필요하면서 오로지 하나의 답을 도출해야 하는 문제를 찾는 일이 쉽지 않다.

그렇지만 1994년 미국의 수학자 피터 쇼는 양자 컴퓨터가 해결할 수 있을 것으로 보이는 중요한 문제를 발견했다. 모든 은행 거래와 인터넷 자료를 암호화하는 일에 사용되는 RSA 암호를 해독하는 문제였다. RSA 암호는 만드는 것은 쉽지만, 해독하는 것은 지극히 어렵다. 2개의 매우 큰 소수素數를 선택해서 곱하는 일은 쉽지만, 큰 수를 선택해서 그것으로부터 소수를 찾아내는 일은 매우 어렵다. RSA

로 암호화된 정보를 해독하기 위해서는 후자와 같은 일을 반복해야 한다. 암호의 보안 능력은 암호 해독자가 그런 소수를 찾아내려면 가장 빠른 슈퍼컴퓨터를 사용하더라도 수백 년이 걸릴 수밖에 없다는 사실에 기인한다. 쇼는 양자 컴퓨터가 그런 일을 1초도 안 되는 시간 안에 해낼 수 있다는 사실을 증명했다(말이 나온 김에 덧붙이자면, 쇼의 성공은 한 번에 그치지 않았고 이듬해에는 양자 컴퓨터의 완벽한 오류 수정이 적어도 이론적으로는 가능하다는 사실도 입증했다).

쇼의 알고리즘은 사람들이 사태에 주목하도록 만들었다. 1994년에는 그의 알고리즘을 적용할 수 있는 양자 컴퓨터가 존재하지도 않았지만, 이 점은 문제가 되지 않았다. 중요한 것은 작동하는 양자 컴퓨터가 제작되기만 하면, 세계에서 교환되는 모든 비밀 정보가 해독될 것이라는 사실이었다. 정보 기관과 범죄자들이 오래 전부터 그런 날을 기다리면서 엄청난 양의 금융 정보와 인터넷의 정보들을 수집해 왔다는 확실한 소문도 있다.

물론 쇼의 알고리즘과 같은 유용한 알고리즘은 거의 없거나 아주 드물다. 우리가 상상할 수 있거나 해낼 수 있는 범용 양자 컴퓨터를 만드는 일은 절대 가능하지 않을 것이다. 현실이 이렇다고 해도 더 제한적인 형태의 양자 컴퓨터만으로도 세상을 알아볼 수 없을 정도로 바꿀 수 있다. 그 이유는 무엇일까? 양자 컴퓨터가 분명히 해낼 수 있는 한 가지 일이 있기 때문이다. 바로 양자 시스템의 작동을 흉내내는 것이다. 결국 양자 컴퓨터 자체가 양자 시스템이다. 어떻게 그렇지 않을 수 있겠는가? 양자 컴퓨터는 실질적으로 프로그래밍이

가능한 분자이다. 파인먼이 1983년에 양자 컴퓨터를 구상했던 것도 양자 시스템을 모사하기 위함이었다.

물리학자는 절대로 자신이 **정확하게** 풀 수 있는 문제가 이체二體 문제(서로 상호작용하는 2개의 물체로 이루어진 문제/역주)뿐이라고 인정하고 싶어하지 않는다. 예를 들면, 그들은 가장 간단한 원자(수소)에서 전자가 양성자 주위를 회전하는 방법이나 달이 지구 주위를 공전하는 방법을 예측할 수 있다. 그러나 물리학에서 다른 모든 것들은 근사치이다. 원자에 더 많은 수의 전자가 더해지면, 각각의 전자들의 움직임은 다른 모든 전자의 움직임의 영향을 받아서 슈퍼컴퓨터도 결국 풀 수 없는 문제가 되고 만다.

모든 원자와 분자의 특성은 전자의 배열에 따라 결정된다. 그리고 원자나 분자는 전자를 통해서 세상과 상호작용한다. 전자의 배열이 화학을 결정하고, 더 나아가서 물질이 열을 전도하는 방법, 전기를 전도하는 방법 등을 결정한다. 그러나 우리는 모든 다전자계multi-electron system의 특성을 예측하지 못한다. 우리는 삼체나 "n-체" 문제가 아니라 이체 문제만 정확하게 풀 수 있기 때문이다.

그러나 양자 컴퓨터는 할 수 있다.

현재 우리는 많은 비용과 시간을 낭비하며 의약품 시험을 해야만 한다. 의약품 분자가 목표 세포에 어떤 효과를 낼지를 예측할 수 없기 때문에 그런 시험은 꼭 필요하다. 그러나 양자 컴퓨터를 사용하면 우리는 그런 모든 과정을 거치지 않고도 수백만 종의 의약품 후보 물질들의 특성을 정확하게 예측할 수 있다. 의약품 시험은 소수의 후보 물질에 대해서만 예상치 못한 부작용을 밝혀내는 목적으로 사용될 것이다.

스마트폰과 테슬라의 전기차는 작은 부피 속에 많은 에너지를 저장할 수 있는 리튬 이온 배터리의 개발 덕분에 가능했다. 그러나 지구의 리튬이 바닥나고 있다. 그리고 배터리로 사용할 수 있는 더 좋은 물질들을 새로 찾아내기 위해서는 실제로 수천 종의 후보 물질들을 합성해서 시험해보아야 한다. 의약품 시험과 마찬가지로 이런 일은 비용이 많이 들고, 오랜 시간을 낭비하는 일이다. 그러나 양자 컴퓨터가 있으면 수백만 종에 이르는 분자들의 특성을 예측해서 리튬 이온 배터리의 성능을 개선할 수 있다.

전 세계 인구의 약 40퍼센트는 화학 비료가 필요한 밀을 식량으로 소비한다. 그러나 화학 비료는 (불행하게도 제1차 세계대전에서 사용된 끔찍한 독가스의 개발에서 중요한 역할을 했던) 프리츠 하버가 개발한 하버-보슈 공정에 따라 생산된다. 하버-보슈 공정은 공기 중의 질소를 화학 비료의 원료인 암모니아로 전환한다. 그런데 문제는 이 과정에서 엄청난 양의 에너지를 사용한다는 것이다. 화학 비료의 생산에 소비되는 에너지는 전 세계의 항공 산업에 사용되는 양과 비슷하다. 실제로 빵 한 조각의 탄소 발자국 중 40퍼센트는 하버-보슈 공정 때문이다.

그러나 하버-보슈 공정만 그런 역할을 할 수 있는 것은 아니다. 식물의 뿌리는 공기 중의 질소를 효율적으로 전환하는 박테리아를 활용한다. 이 박테리아는 질소 고정 효소nitrogenase를 이용한다. 그러나

188

질소 고정 효소는 우리가 이해하기에는 너무 복잡하다. 우리가 그것의 작동 원리를 이해할 수 있다면, 그 과정을 흉내낼 수도 있고, 더 훌륭하게 개선할 수도 있을 것이다. 우리가 지극히 비효율적이고 과도한 에너지를 사용하는 하버-보슈 공정을 포기할 수도 있다는 뜻이다. 그렇게 된다면 지구 온난화를 일으키는 온실 가스 배출량 감소에 크게 기여할 것이다.

범용 양자 컴퓨터가 없더라도 귀금속 추출부터 대기 중의 이산화탄소 포집까지, 모든 일을 할 수 있는 새로운 고효율 화학 반응만으로도 세상을 완전히 바꿔놓을 수 있다. 그리고 만약 범용 양자 컴퓨터가 등장한다면 이 모든 것을 넘어설 것이다!

17

중력파

중력파는 시공간에서 울리는 북의 진동이고,
공간의 목소리이다

"신사 숙녀 여러분……우리가 중력파를 검출했습니다.
우리가 해냈습니다!"
―데이비드 레이체, 2016년 2월 11일

중력파는 시공간을 구성하는 직물의 떨림이다. 중력파는 진원으로부터 연못에서 발생하는 동심원 모양의 물결처럼 퍼져나간다. 아인슈타인이 1916년에 그 존재를 처음 예측했다. 중력파는 1915년 11월 베를린에서 발표한 그의 중력 이론인 일반 상대성 이론의 결과였다(일반 상대성에 대해서는 제12장 참조).

일반 상대성 이론에 따르면, 질량 또는 더 일반적으로는 에너지가 시공간을 휘어지게 만든다. 휘어진 시공간이 바로 중력이다. 우리는 우리 자신이 중력의 "힘"에 의해서 지구 표면에 붙어 있다고 생각한다. 그러나 사실 우리는 지구의 질량―에너지가 만든 시공간의 계곡 경사면에 서 있는 것이다. 시공간은 4차원이고, 우리는 3차원만 인식할 수 있다. 그래서 우리는 그런 사실을 전혀 알아차리지 못한다. 그런 사실을 확인하기 위해서는 아인슈타인의 천재성이 필요했다. 시공간이 실제로 물질의 존재에 의해서 "휘어지고 비틀어질 수 있다"는 궁극적인 증거가 바로 시공간도 역시 물결과 같은 중력파를 만들어 낸다는 사실이다.

중력파는 물질이 가속되어 움직임이 바뀔 때마다 발생한다. 공중에서 손을 흔들어보자. 여러분은 방금 눈에 보이지 않는 시공간의 물결을 발생시킨 것이고, 이런 물결은 손끝으로부터 바깥 방향으로 빛의 속도로 전파된다. 그런 파동은 이미 지구 대기권을 벗어나서, 달을 지나 화성이라는 행성에 도달했을 것이다. 4년 정도가 지나면 그 진동은 가장 가까이 있는 항성에 도달할 것이다. 켄타우루스 자리 알파(태양에서 약 4.3광년 떨어져 있는 항성계/역주)의 3개의 별들 중의 하나인 프록시마 켄타우리에도 행성이 공전하고 있다. 만약 프록시마 켄타우리 b라는 행성에 고도의 기술 문명이 존재하고, 그들이 초민감 중력파 감지기를 설치해두었다면, 여러분이 방금 공중에서 손을 흔들어서 발생시킨 중력파는 4년 후에 그들의 감지기를 통해서 확인될 것이다!

그러나 그런 중력파는 끔찍할 정도로 약하고, 끔찍할 정도로 확인이 어려운 것이 현실이다. 중력은 매우 약하기 때문이다. 그리고 시공간이 놀라울 정도로 뻣뻣하다는 뜻이다. 사실 시공간은 철판보다 10^{27}배나 더 뻣뻣하다. 북의 가죽은 잘 휘기 때문에 쉽게 진동한다. 그러나 철판보다 10^{27}배나 더 뻣뻣한 북을 진동시키기가 얼마나 어려울지를 상상해보자. 시공간이 이토록 뻣뻣하다는 사실은 우주에서 거대한 질량을 가진 물질이 가장 격렬하게 움직여야만 지구 실험실에서 감지할 수 있을 만큼의 강력한 중력파가 발생한다는 것이다. 실제로 블랙홀과 같은 고도로 밀집된 별들이 재앙적으로 융합되는 경우에만 검출이 가능한 중력파가 발생한다(블랙홀에 대해서는 제14장 참조).

그러나 그런 사건은 매우 드물게 일어나고, 가장 가까운 곳이라고 하더라도 사실은 우리에게 매우 멀리 떨어진 곳에서 발생할 가능성이 높다. 중력파가 지구에 도달했을 때는 이미 엄청난 부피의 공간을 통해서 퍼져나간 중력파가 연못의 물결이 점점 약해지는 것처럼 미미해졌을 것이다. 지나가는 중력파는 공간이 늘어나거나 줄어들게 만든다. 그러나 인간처럼 작은 물체에서는 이런 효과가 측정하기 어려울 정도로 미미할 수밖에 없다. 따라서 중력파를 확인하고 싶다면 매우 큰 물체가 늘어나고 줄어드는 정도를 살펴보아야 한다.

루이지애나 주의 리빙스턴에는 레이저 광선으로 만든 4킬로미터 길이의 "자"가 있다. 3,000킬로미터 떨어진 워싱턴 주의 핸퍼드에도 레이저 광선으로 만든 4킬로미터의 자가 있다. 동부 하절기 시간으로 2015년 9월 14일 오전 5시 51분에 리빙스턴의 자에서 떨림이 발생했다. 그리고 1초의 100분의 1에도 미치지 못하는 7밀리초 이후에 핸퍼드의 시설에도 똑같은 떨림이 발생했다. 그것은 명백한 중력파의 흔적이었다.

지구에 살고 있는 복잡한 유기체가 대부분 박테리아였을 때, 지구에서 아주 멀리 떨어진 은하에서 2개의 괴물 같은 블랙홀이 치명적인 소용돌이에 갇혔다. 두 블랙홀은 마지막으로 서로를 휘감았고, 입맞춤을 한 후에 합쳐졌다. 그리고 바로 그 순간 시공간을 괴롭히는 거대한 쓰나미가 발생했다.

그것은 상상도 할 수 없을 정도로 강력한 사건이었다. 수소폭탄이 폭발하면 1킬로그램 정도의 물질이 다른 형태의 에너지로 변환된다. 주로 뜨겁게 달아오른 핵 불덩어리가 만들어진다. 그러나 2개의 블랙홀이 합쳐지면 태양 질량의 3배에 해당하는 질량이 갑자기 사라져버린다. 찰나의 순간이 지난 후에 그것은 중력파로 다시 등장한다. 이 파동의 힘은 우주 전체에 존재하는 모든 별이 **함께** 내는 힘보다 50배나 더 강하다. 다시 말해서 만약 블랙홀이 병합되면서 중력파가 아니라 빛이 발생했다면, 우주 전체가 가진 빛보다 50배나 더 밝은 빛을 내뿜었을 것이다.

블랙홀 병합에서 발생하는 중력파는 끊임없이 약해지면서 14억 년 동안 우주로 퍼져나갔다. 프록시마 켄타우리와 태양 사이의 공간을 지나갈 즈음의 중력파는 놀라울 정도로 약해져서 두 별 사이의 거리를 고작 0.01밀리미터 정도 변화시킬 수 있었을 뿐이다. 이 중력파를 확인하기 위해서 핸퍼드와 리빙스턴의 과학자들은 4킬로미터 길이의 자에서 원자 1개 지름의 1억 분의 1 정도에 해당하는 변화를 측정해야 했다. 이 문장에 찍힌 마침표의 지름이 원자 1,000만 개에 해당한다는 사실을 기억한다면, 이것이 얼마나 대단한 일이었는지 이해할 수 있을 것이다.

핸퍼드와 리빙스턴에 있는 4킬로미터의 거리 측정기는 "레이저 간섭계 중력파 관측소Laser Interferometer Gravitational-Wave Observatory"라는 뜻에서 LIGO라고 부른다. LIGO는 기술적으로 절묘한 시설이다. 실제로 두 관측소에는 각각 4킬로미터 길이의 관 2개가 L자로 연결되어 있다. 지름이 1.2미터인 관은 우주 공간보다 훨씬 더 낮은 압력의 진공 상태이고, 1메가와트의 레이저 광선이 지나간다. 관의 양쪽 끝에는 99.999퍼센트의 빛을 반사하는 40킬로그램의 거울이 사람의 머리카락보다 몇 배 정도 두꺼운 유리 섬유에 매달려 있다. 그렇게 매달려 있는 거울에서 확인된 지극히 미세한 움직임이 2015년 9월 14일에 중력파가 지나갔다는 사실을 알려주었다.

실제로 LIGO는 세상에서 가장 민감한 지진계이다. LIGO는 미국의 반대쪽에서 발생하는 폭풍을 감지할 수 있을 정도로 민감하다. 수십 킬로미터 떨어진 도로 위를 달리는 자동차도 감지할 수 있다. LIGO의 직원이 감지 장치의 관 옆으로 자전거를 타고 지나가는 것도 알아낸다. 수백 킬로미터 떨어진 해안에 부딪히는 파도에도 반응한다. 그리고 지구에서 일어나는 거의 모든 중요한 지진을 기록할 수 있다. 이런 모든 일상적인 진동으로부터 LIGO를 분리해서, 지나가는 중력파의 무한히 작은 떨림을 알아내는 일은 엄청난 도전이었다. 그러나 그런 일이 실제로 가능했다. 14억 년 전에 14억 광년이나 떨어진 곳에서 일어났던 사건에 의해서 발생한 떨림이 감지기에 매달린 거울을 흔들었다. 이 프로젝트를 성공시킨 라이너 바이스, 킵 손, 배리 배리시는 2017년 노벨 물리학상을 받았다.

2017년 여름에는 이탈리아 피사 근처에 설치된 유럽 중력파 감지기인 Virgo와 2020년 2월 일본의 KAGRA가 LIGO와 같은 일을 시작했다. 2024년에는 LIGO-인도가 가동을 시작할 것으로 보인다. 지금까지 LIGO에는 90차례 이상의 중력파 사건이 관측되었다.

지금까지 관측된 사건들은 대부분 블랙홀의 병합에 의한 것이었다. 블랙홀은 무거운 별의 일생의 종말점이다. 그런 별이 1,000억 개의 별들로 이루어진 은하 전체의 밝기를 넘어서는 초신성으로 폭발하면, 역설적으로 그 중심이 폭발하면서 내파內破, implosion가 일어난다(사실 내파가 폭발을 유도하는 것처럼 보인다). 중심이 더욱 빠른 속도로 수축하면서 밀도가 더 커지면, 그 중력은 점점 더 강해지고, 결국에는 빛은 물론 그 무엇도 빠져나가지 못하게 된다. 바로 그 순간에 블랙홀이 탄생한다.

LIGO에 의해서 확인된 블랙홀이 예상했던 것보다 훨씬 더 크다는 사실은 도무지 설명할 수 없는 수수께끼였다. 처음 발견된 쌍의 경우에는 태양의 질량보다 약 30배나 무거웠다. 초신성이 폭발하면 별을 구성하던 대부분의 물질이 우주로 흩어지고, 아주 적은 양이 내부로 수축되어 블랙홀이 만들어지기 때문에 그런 사실이 문제가 된다. 결국 태양의 30배나 되는 블랙홀이 만들어지려면 별이 적어도 태양의 300배 이상 무거워야 한다는 뜻이다. 그런 별은 실질적으로 존재할 수 없을 정도로 드물다.

2019년 5월 21일에 확인된 최근의 사건으로 문제는 더욱 복잡해졌다. 태양보다 66배나 무거운 블랙홀이 태양보다 85배나 무거운 블랙홀과 합쳐져서 태양보다 무려 142배나 무거운 블랙홀이 탄생했다. 태양의 9배에 해당하는 질량이 빛으로 전환된 이 사건은 지금까지 관찰된 사건 중에서 가장 격렬한 폭발이었고, 우주에 포함된 모든 별이 방출하는 에너지의 대략 150배에 해당하는 중력파가 발생했다.

태양 크기의 66배, 그리고 85배나 되는 블랙홀은 실질적으로 블랙홀의 형성이 불가능하다고 예상되는 범위인 태양 질량의 50배에서 135배에 해당한다.[64] 정말 무거운 별의 내부는 3억 도에 이를 정도로 뜨거워서 빛 광자의 에너지가 자발적으로 전자와 양전자의 질량-에너지 쌍으로 변해버린다(반反물질에 대해서는 제19장 참조). 전자와 양전자에 의해서 발생하는 바깥쪽으로의 압력은 광자의 압력보다 작다. 결과적으로 별의 내부는 중력을 거슬러 바깥쪽으로 밀어내는 능력을 상실하고, 일반적인 초신성보다 훨씬 더 재앙적으로 수축하고 만다. 그렇게 만들어진 "쌍 불안정 초신성pair instability supernova"은 매우 격렬하게 폭발해서 결국에는 아무것도 남지 않게 된다. 심지어 블랙홀의 자투리도 남지 않는다.

태양보다 66배와 85배나 무거운 블랙홀은 한 번의 초신성 폭발이 아니라 앞서 일어났던 다른 더 작은 블랙홀들이 합쳐져서 탄생했을 것이라는 가설도 있다. 블랙홀이 여러 차례에 걸쳐 반복적으로 합쳐졌다는 것이다. 블랙홀들이 합쳐져서 탄생한 태양보다 142배나 무거운 블랙홀은 그런 면에서 획기적이다. 우주에는 태양 질량의 5배에서 60배 정도의 별질량 블랙홀은 물론이고 은하의 중심에 태양 질량의 수십억 배에 달할 수도 있는 초대질량 블랙홀도 있는 것으로 보인다.

초대질량 블랙홀이 오랜 시간에 걸친 후속 병합으로 점점 더 커진다면, 두 극단을 이어주는 중간질량 블랙홀도 있을 것이라고 예상할 수 있다. 태양보다 142배나 무거운 블랙홀은 (태양보다 100배에서 10만 배 무거운) 중간질량 블랙홀에 대한 첫 번째 직접적인 단서로서 이런 가설을 뒷받침해준다.[65]

2017년 8월 17일 LIGO와 Virgo로 확인된 중력파가 어디에서 발생했느냐는 매우 중요한 문제였다. 이때 관찰된 중력파는 2개의 블랙홀이 아니라 2개의 중성자별neutron star이 병합되면서 발생한 것이었다. 중성자별은 내파가 일어나는 별의 중심이 충분히 무겁지 않기 때문에 중력이 블랙홀로 수축할 정도로 강력하지 못한 경우에 만들어진다. 모든 질량이 에베레스트 산보다 크지 않은 부피로 압축되는 중성자별은 밀도가 워낙 커서 현재 지구에 사는 전 인류의 체중이 각설탕 하나로 보일 정도이다.

중성자별의 병합은 블랙홀의 병합과 전혀 다르다. 블랙홀이 뭉쳐지면 망원경으로 볼 수 있는 빛이 발생하지 않는다. 우주적 청소기 역할을 하는 블랙홀이 오래 전부터 주변에 있던 빛을 낼 수 있는 물질들을 모두 빨아들이기 때문이다. 그러나 중성자별은 단순히 시간과 공간이 아니라 빛을 내는 실질적인 물질로 만들어진다는 것이 핵심이다. 그리고 지구 전체에서 전통적인 망원경으로 확인할 수 있는 빛이 바로 그런 빛이다.

2017년 8월 17일에 확인된 고에너지 빛의 강력한 폭발은 매우 중요했다. 1960년대에 미국이 소련의 비밀 수소폭탄 시험을 확인하기 위해서 감마선을 감지하는 스파이 위성을 발사했다. 놀랍게도 스파이 위성은 거의 매일 감마선 폭발을 감지했다. 다행스럽게도 감지기는 방향 탐지 능력이 있었기 때문에 그런 폭발이 우주에서 오는 것이라는 사실을 곧바로 확인할 수 있었다(그렇지 않았더라면 핵전쟁이 일어났을 수도 있었다). 1980년대에 비밀 문서가 공개되면서 "감마선 폭발"의 존재를 알게 된 천문학자들은 그런 감마선 폭발이 중성자별의 병합에서 발생한 것일 수도 있다고 의심했다. 이제는 누구나 그것이 사실이라고 알고 있다.

감마선에는 감마선을 방출하는 화학 원소의 지문이 남아 있다. 2017년 8월 17일의 중성자별 병합의 경우에는, 별들이 충돌하면서 발생한 불덩어리에서 일어난 광란의 원소 생성 핵반응에 의해서 지구 질량의 10배 정도에 해당하는 금이 만들어진 것으로 밝혀졌다. 아득하게 멀리 떨어진 우주에서 벌어지는 일이 생각하는 것처럼 비밀스럽거나 우리의 삶과 무관하지 않을 수도 있다는 뜻이다. 별의 조각을 보고 싶은가? 손을 들어보라. 혈액 속의 철, 뼈에 들어 있는 칼슘, 숨을 들이마실 때마다 폐를 가득 채우는 산소 등, 모든 것이 지구와 태양이 태어나기도 전에 살다가 죽은 별의 내부에서 만들어졌다. 여러분의 몸은 별의 먼지로 만들어진 것이다. 여러분은 말 그대로 하늘에서 만들어졌다. 그리고 금으로 만든 결혼 반지나 장신구를 가지고 있다면, 이제는 그런 귀금속이 중성자별의 병합에서 만들어졌다는 사실도 알게 되었을 것이다. 우리의 일상과 우주처럼 아득히 먼 것 사이에 이보다 더 놀라운 연결 고리가 있을 수 있을까?

LIGO와 Virgo의 과학자들에게 중성자별과 블랙홀의 병합은 놀라운 일이 아니었다. 그들은 이것을 관측하기를 꿈꿔왔었다. 흥미로운 점은 중력파가 그들에게 자신들에게 우주를 향한 새로운 귀를 열어준 "창문"이었다는 점이다. 태어날 때부터 소리를 듣지 못했던 사람이 하루 아침에 들을 수 있게 되었다고 생각해보자. 물리학자와 천문학자들에게 그런 일이 일어난 것이다. 역사를 통틀어서 그들은 눈과 망원경을 통해서 우주를 "볼" 수 있었다. 이제 처음으로 그들은 우주의 소리를 들을 수 있게 된 것이다. 중력파는 "공간의 목소리"이다. 과학은 결과를 과장해서 자랑하기도 하지만, 2015년 9월 14일의 중력파의 발견은 갈릴레오가 1609년에 망원경을 하늘로 돌린 이래로, 천문학에서 가장 중요한 발전이었음이 분명했다.

지상에도 진짜 광원을 닮은 배경 진동이 있기 때문에 지상에 설치한 중력파 검출기로는 사실 가장 낮은 진동수의 중력파를 듣지 못할 수도 있다. 은하의 중심에서 초대질량 블랙홀이 병합되거나 태양보다 100만 배 무거운 블랙홀이 태양보다 수십 배 무거운 블랙홀을 집어삼킬 때 발생하는 그런 파동은 2037년에 가동을 시작하는 레이저 간섭 우주 안테나Laser Interferometer Space Antena(LISA)로 확인할 수 있을 것이다. LISA는 서로 100만에서 500만 킬로미터 떨어진 3개의 인공위성에 탑재된 거울을 통해서 레이저를 주고받는, 거대한 이등변 삼각형이다. 중력파가 통과하면 한쪽 방향의 공간은 늘어나고, 수직 방향으로는 수축하는 일이 번갈아 일어날 것이다. 측정 장치의 길이에서 나타나는 작은 변화를 찾아내는 것이 핵심이다. 야심 찬 LISA의 과학자들은 수백만 킬로미터 이상 떨어진 거리에서 원자 1개의 작은 변화를 감지하고 싶어한다.

중력파 검출기 덕분에 우리는 천문학의 새로운 시대가 열리는 순간에 서 있다. 아무 소리도 듣지 못했던 우리가 청각을 얻게 된 것과 같은 일이다. 그러나 이 청각은 현재로서는 어설프고 초보적이다. 우리는 소리의 끝자락에서 아련하게 들려오는 천둥소리 비슷한 것을 들었다. 아직 우리는 새소리나 어린아이의 울음소리, 또는 노랫소리를 듣지는 못했다. 전 세계에서 진행 중인 중력파 실험의 민감도가 향상되어 우리가 한편의 우주 교향곡을 들을 수 있다면 얼마나 아름다울지 누가 알겠는가?

18

힉스장

물질의 기본적인 구성 요소는 고유한 질량을 가지지 않고,
힉스장과의 상호작용을 통해서 질량을 얻는다

"이번 여름에 나는 도무지 쓸데없는 것을 발견했다."
─피터 힉스[66]

모든 공간은 눈에 보이지 않는 유체流體로 채워져 있고, 우리는 탄생의 순간부터 죽음에 이르기까지 그 속에 온전히 잠겨 있다. 1964년까지는 아무도 그런 유체가 존재할 것이라는 추측조차 제기하지 않았다. 그런 유체의 존재를 의심의 여지없이 증명할 수 있게 된 것은 2012년이 되어서였다. 결국 힉스장의 존재를 드러내어 보여준 것은 철썩이는 바닷물과 같은 흐트러짐이었고, 그런 흐트러짐의 정체는 바로 힉스 보손이었다.

힉스 보손에 대한 뒷이야기는 길다. 이야기는 물질의 기본적인 구성 요소가 입자처럼 또한 파동처럼 행동할 수 있다는 사실이 실험으로 밝혀진 20세기 초로 거슬러올라간다. 1920년대 말까지는 두 가지

특징이 모두 양자 이론에 포함되었다. 기본 입자는 에너지를 가진 눈에 보이지 않는 유체가 모든 공간으로 퍼져 있는 장場 안의 단순한 물결이라고 이해되었다(양자 이론에 대해서는 제7장 참조).

1950년대에 미국의 물리학자 줄리언 슈윙거가 양자장 이론을 전자에 적용하여 정립한 그의 양자 전기동역학 이론은 자연에 기본 힘이 존재하는 이유에 대한 놀라운 사실을 밝혀냈다. 정체를 알아내는 데에 200년이 필요했을 정도로 복잡한 전자기 현상이 사실은 전자의 파동 대칭성의 결과일 뿐이라는 사실이었다.

대칭성symmetry은 어떤 변화에도 그대로 남아 있는 것에 관한 이론이다. 당구대에서 스누커 게임을 하는 경우를 상상해보자. 공중으로 당구대를 1미터나 3미터 들어올리더라도 당구대에서 일어나는 일에는 아무런 차이가 발생하지 않는다. 당구대에서 직선을 따라 굴러가거나 다른 공과 충돌해서 튕겨지는 움직임을 지배하는 뉴턴의 운동 법칙은 당구대의 높이 변화에 대해서 대칭적인 것이다. 물리학에서 당구대의 높이는 "게이지gauge"라고 부르고, 뉴턴의 운동 법칙은 게이지를 바꾸더라도 달라지지 않는다는 뜻에서 대칭적이라고 한다. 운동 법칙이 게이지와 별개로 성립하기 때문에 "게이지 불변gauge invariant"이라고 부르기도 한다.

전자의 양자장 이론에서 전자는 파동함수로 표현되고, 파동함수는 전자에 대해 알 수 있는 모든 것을 요약적으로 보여준다. 파동함수는 어떤 시간에 파동의 마루가 어디에 있는지를 나타내는 "위상phase"이라는 척도를 가지고 있다. 파동함수의 위상은 당구대의 높이, 즉 게이지와 매우 유사하다. 여기서 중요한 것은 공간의 모든 곳에서 같은 양의 게이지가 변화한다면, 전자의 운동에는 어떠한 차이도 생기지 않는다는 것이다.

1918년에 독일의 수학자 에미 뇌터는 이와 같은 "전반적global" 대칭성에는 그에 대응하는 보존 법칙이 존재한다는 강력한 정리를 증명했다. 어떠한 물리적 양이 변하지 않고 보존되는 규칙이 있다는 것이다. 이 경우에는 전하의 보존 법칙이다. 전하는 새롭게 만들어지지도, 사라지지도 않는다는 뜻이다.

당구대의 비유에는 당구대의 모든 부분이 동시에 들어올려질 수 있다는 가정이 숨겨져 있다. 우리가 아는 당구대에서는 그것이 분명히 가능하다. 그러나 폭이 10광년이나 되는 우주적인 규모의 당구대가 있다고 생각해보자(단순한 사고 실험이니 너무 걱정할 필요는 없다). 아인슈타인에 따르면 빛의 속도보다 빠르게 전달될 수 있는 것은 아무것도 없다. 따라서 이 거대한 당구대의 모든 부분을 동시에 변화시키는 일은 불가능하다. 당구대의 먼 부분은 가까운 부분보다 더 시간이 흐른 뒤에 높이가 변할 것이기 때문이다. 사실 당구대의 먼 쪽은 10년의 세월이 흐르기 전에는 이쪽 당구대에서 일어난의 변화를 "인식"조차 하지 못한다. 따라서 상식적으로는 당구대에 변화를 주면, 높이 변화가 표면을 따라서 전파되기 때문에 당구대의 높이는 위치와 시간에 따라서 다른 값을 가지게 된다. 아인슈타인의 우주에서는 이런 일이 일어날 수 있다.

그렇지만 우리는 여전히 물리 법칙이 모든 곳에서 똑같이 성립하기를 기대한다. 당구공이 뉴턴 운동 법칙이 요구하는 직선 궤적을 따라서 변함없이 움직일 것이라고 생각한다. 그러나 당구대의 표면은 평평하지 않아서, 모든 위치에서 울퉁불퉁한 지형을 항상 정확하게 보상할 수 있는 힘이 당구공에 작용해야 그렇게 될 수 있다.

이처럼 게이지가 위치와 시간에 따라서 연속적으로 변화할 때, 물리 법칙이 변하지 않고 유지되는 것을 "국부적 게이지 불변local gauge invariant"이라고 부른다. 당구대의 예가 보여주듯이, 국부적 게이지 불변은 보상력이 있어야 유지될 수 있다. 위치와 시간에 따라서 전자 파동함수의 위상이 연속적으로 변화하는 전자의 경우에는 전자기력이 바로 그런 보상력이다.

전자기장은 단순히 국부적 게이지 불변의 필연적인 결과이다. 전자기장이 존재함으로써 공간과 시간의 한곳에서 전하가 움직일 때, 그 소식이 다른 곳으로도 전달되어 국부적 게이지 불변이 유지되는 것이다. 그리고 그러한 소식은 광자라는 "게이지 보손gauge boson"에 의해, 전자기장을 통해서 전달된다. 놀라운 것은 어떤 물리학자가 전기와 자기와 광자에 대해서는 아무것도 모르는 채로 전자와 국부적 게이지 법칙만 안다고 해도, 단지 전자의 국부적 게이지 불변이 유지되려면 그 모든 것들의 존재를 유추할 수 있다는 점이다.

슈윙거의 발견은 너무나도 놀라운 것이었다. 물리학자들이 혹시 그가 어떠한 보편 법칙을 발견한 것은 아닌지 의심한 것은 당연한 일이었다. 자연이 국부적 게이지 불변을 유지하는 과정이 전자기력뿐만이 아니라 약력과 강력을 비롯한 다른 기본 힘의 존재도 설명해줄 수 있지 않을까? 한동안 물리학자들에게는 이것이 엄청난 희망이었다. 그러나 그런 꿈은 한 가지 문제 때문에 무산되고 말았다. 양자 전기동력학quantum electrodynamics의 방정식이 무너지면서 도무지 말이 되지 않는 예측을 쏟아냈던 것이다. 물리학자들이 그러한 무한대의 문제를 해결할 방법을 찾기는 했으나, 이 구제책은 힘 매개체가 질량이 없을 때에만 성립했다. 그러나 약력이 질량을 가지지 않을 수 없다는 사실은 익히 알려져 있었다.

양자 이론에서 힘을 매개하는 입자는 진공에서 등장한다. 이는 하이젠베르크의 불확정성 원리로 가능한 것이다. 불확정성 원리에 따르면, 질량-에너지는 느닷없이 등장했다가도 곧바로 다시 사라져야 한다. 이는 마치 10대 소년이 다음 날 아침 아버지가 눈치채기 전에 자동차를 차고에 다시 가져다놓을 수만 있다면 밤 사이에 아버지 차를 몰래 사용할 수 있는 것과 비슷하다. 더 많은 양의 질량-에너지를 빌릴수록 더 빨리 되돌려주어야 하기 때문에, 사라지기 전까지 움직일 수 있는 거리는 더욱 짧아진다. 따라서 정지 질량이 없는 전자기장의 광자는 무한히 멀리 움직일 수 있고, 이것이 바로 전자기력이 무한히 멀리까지 영향을 미칠 수 있는 이유이다. 그러나 약력은 원자핵보다 훨씬 작은 영역에만 영향을 미치기 때문에, 약력의 매개자는 적어도 아원자 규모에서는 실제로 무거워야 한다. 그러므로 전자기장의 광자에 상응하는 W^-, Z^0, W^+라는 세 가지의 게이지 보손이 존재해야 했다.[67]

약력의 매개자가 질량을 가지고 있다는 사실 때문에 약력에 대한 양자장 이론을 찾을 가능성이 사라지는 것처럼 보였다. 그래서 1960년대 초에는 물리학자들 대부분이 그러한 아이디어 전체를 포기해버렸다. 그러나 에든버러 대학교의 피터 힉스는 예외였다. 그는 그 문제를 해결할 수 있을 것이라는 희망을 버리지 않았다. 그는 약력의 매개자는 근본적으로는 질량이 없지만, 어쩌면 다른 외부적 과정을 통해서 질량을 가지게 될 수도 있다고 추정했다. 그렇다면 양자장 이론으로 설명이 가능해진다.

이 외부적인 과정에는 공간 전체를 채울 수 있는, 지금까지 아무도 생각하지 못한 장場이 필요한 것으로 보였다. 그런 장은 빅뱅의 순간에는 스위치가 꺼진 상태였기 때문에 약력의 매개자가 질량을 가지지 않았지만, 그후에는 어떤 이유로 스위치가 켜져서 질량을 가지게 되었을 것이다. 그런 장은 자발적으로 대칭성을 파괴하여 대칭적인 상태에서 비대칭적인 상태로 전환되도록 할 수 있을 것이다. 인상적인 이름에 비해 아이디어는 단순하다.

위태롭게 세워놓은 연필은 완벽하게 대칭적이지만, 연필이 옆으로 쓰러지는 것은 나침판에서 특정한 방향을 선택해서 자발적으로 대칭성을 깨뜨리는 것이다. 아래쪽으로 끌어당기는 중력이 어떤 방향을 선호하지 않아도 연필은 한쪽으로 쓰러진다. 근본적인 법칙은 대칭적이지만 결과는 비대칭적인 경우이다. 이것이 바로 힉스장으로 불리게 된 것에 대해서 힉스가 품고 있던 아이디어이다.

그러나 이 아이디어에도 심각한 문제가 있었다. 영국의 물리학자 제프리 골드스톤은 양자장이 그런 방법으로 대칭성을 자발적으로 깨뜨릴 때는 언제나 질량이 0인 입자가 등장한다는 사실을 발견했다. 광자처럼 질량이 0인 입자가 쉽게 만들어질 수 있어야 하고, 그래서 입자 실험에서 그 존재를 확인할 수 있어야 한다. 그러나 아무도 "골드스톤 보손Goldstone boson"을 관찰하지 못했다.

그러나 1964년 7월 힉스는 새로운 장이 모든 공간을 채우고 있고, 장의 대칭성이 깨지면 골드스톤 보손이 정말 만들어진다는 사실을 발견했다. "내가 지금까지 생각해낸 정말 유일한 독창적 아이디어"라는 그의 말처럼 서른다섯 살의 힉스가 명성을 얻을 환경이 조성된 것이었다. 게이지 보손이 존재하는 상태에서 장의 대칭성이 깨지면 기적 같은 일이 일어난다는 것이 핵심이다. 실질적으로 게이지 보손이 골드스톤 보손을 "집어삼켜버린다." 그러나 단순히 골드스톤 보손이 제거되는 것은 아니다. 게이지 보손이 그들을 집어삼키는 과정에서 W^-, Z^0, W^+가 질량을 얻게 된다.

힉스는 단번에 양자장 이론을 지켜냈을 뿐만 아니라 물질에 질량이 부여되는 메커니즘도 발견했다. 1960년대에 미국의 물리학자 스티븐 와인버그와 파키스탄의 물리학자 압두스 살람이 개발한 이론에 따르면 전자기력과 약력은 "전자기약력electroweak force"이라는 하나의 서로 다른 단면일 뿐이다. 이러한 통합은 근본적인 물질 입자가 고유한 질량을 가지고 있지 않은 경우에만 가능한 것이다. 힉스는 그런 입자가 자신의 모든 것을 압도하는 새로운 장과의 상호작용을 통해서 질량을 얻는 외부적인 메커니즘을 찾아낸 것이었다.

사실 5명의 다른 물리학자도 같은 시기에 힉스와 똑같은 아이디어

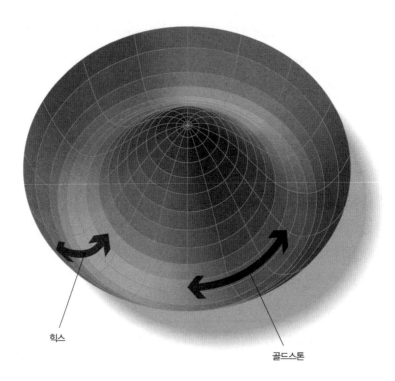

힉스

골드스톤

힉스 퍼텐셜(Higgs potential)은 힉스장의 에너지를 나타내는 밀짚모자 모양의 표면으로 표현할 수 있다. 모자의 챙 주변에서 나타나는 진동은 질량이 0인 골드스톤 보손에 해당하고, 챙의 위아래 진동은 무거운 힉스 보손에 해당한다.

를 떠올렸다. 그러나 그 "6명의 집단" 안에서 힉스가 가장 돋보였다. 그가 불멸의 존재가 된 것은 새로운 힉스장의 자발적 대칭성 깨짐으로 네 가지의 골드스톤 보손이 만들어지고, W^-, Z^0, W^+ 보손이 질량을 얻는 과정에서 세 가지 골드스톤 보손은 사라지게 된다는 사실을 알아낸 유일한 사람이었기 때문이다. 한 가지의 보손은 남게 된다. 대체로 그것이 질량을 가진 골드스톤 보손이었고, 적절한 시기에

"힉스 보손"이라는 이름이 붙은 그 입자였다.

이후 수십 년에 걸쳐 자연을 구성하는 기본 요소들과 게이지 보손이라는 힘 매개자가 하나씩 발견되었고, 힉스 보손만이 입자물리학의 표준모형의 마지막 퍼즐 조각으로 남았다. 힉스 보손은 성배聖杯가 되었다. 그 입자의 발견은 불가사의한 힉스장의 존재를 증명해줄 뿐만 아니라, 물질이 질량을 가지게 되는 메커니즘도 설명해준다는 점에서 그렇다.

그리고 프랑스와 스위스 국경 근처의 소가 풀을 뜯던 목장 밑에 50억 유로의 비용이 투입된 역사상 가장 큰 시설이 건립되었다. 바로 지하에 큰 성당 규모의 감지기가 있는 유럽 입자물리학 연구소(CERN)이다. 물리학자들은 이곳의 대형 강입자 충돌기(LHC)로 상상을 넘어서는 속도로 양성자를 서로 충돌시키고, 이때 쏟아져 나오는 파편들 속에서 한번 만들어지면 10억 분의 10억 분의 1초도 되지 않아 사라지는 힉스 보손을 찾아내고자 했다.

2012년 7월 4일에 피터 힉스는 CERN의 강당에서 "6명의 집단" 중 한 사람인 벨기에의 물리학자 프랑수아 앙글레르와 함께 힉스 보손의 발견을 발표하는 모습을 지켜보고 있었다. 강당 전체에서 격렬한 환호성이 쏟아지고, 사람들이 모여들어 그에게 악수를 청하면서 축하 인사를 하자 그의 눈에 눈물이 고였다. 결국 그의 예언이 48년 만에 입증되었다. 역설적이지만 힉스는 수십 년 전에 이미 기초 물리학이 지나치게 어렵다고 느끼며 그 분야를 떠난 상태였다.

힉스장은 과학계에서 완전히 새로운 것이었다. 중력장은 질량에서 시작되고, 전자기장은 전하에서 나오는데, 힉스장은 **아무것도 없이** 비어 있는 공간에 존재한다. 우리 삶의 모든 것이 그 속에 빠져 있다. 그러나 바다에서 한평생을 보내는 물고기와 마찬가지로 우리는 우리가 헤엄치고 있는 보편적인 매질의 존재를 인식하지 못한다.

힉스장이 아니었다면 기본 입자는 질량을 가질 수 없고, 따라서 여러분과 별과 은하를 만든 원자도 존재하지 못했을 것이다. 사실 힉스장은 여러분의 질량 중에서 0.5퍼센트를 설명해주고, 나머지는 여러분의 몸속에서 빛의 속도에 근접한 속도로 움직이는 쿼크들의 질량이 아인슈타인 효과에 의해 증가하기 때문이다(특수 상대성 이론은 제10장 참조). 그러나 바로 그 0.5퍼센트가 **핵심**이다. 힉스장이 아니었다면, 약력의 W^-, Z^0, W^+ 보손도 질량을 가지지 못했을 것이고, 그 힘이 믿을 수 없을 정도로 약하지도 않았을 것이다. 햇빛을 만들어내는 핵반응의 첫 단계를 가능하게 만들어주는 것도 약력이 충분히 약하기 때문이다. 그 결과 태양은 우스꽝스러울 정도로 느리게 뜨거워지고, 태양이 가지고 있는 수소 연료를 모두 태워버리기까지는 앞으로도 100억 년이 더 걸린다. 인간처럼 복잡한 생명이 지구에서 진화할 수 있는 충분히 긴 시간을 가질 수 있었던 것도 그 때문이다.

과학의 많은 발견들이 그렇듯이 힉스 보손의 발견과 표준모형의 완성으로 수많은 새로운 의문이 시작되었다. 힉스장은 어디에서 비롯될까? 무엇으로 만들어질까? 우주 질량-에너지의 95퍼센트를 차지하는 암흑 물질과 암흑 에너지는 어떻게 설명할까? 그러나 마지막

발언은 피터 힉스의 몫이다. "내 삶에서 세상에 알려진 부분은 1964
년 여름의 3주일 정도로 짧은 기간이다. 나는 많은 힘을 들이지 않았
지만, 그 결과로 큰 충격을 받았다."

반물질

전하가 없는 광자가 전자로 바뀌면 그 전자의 전하는
정반대의 전하를 가진 반입자에 의해서 상쇄되어야 한다

"나는 현대 물리학의 모든 도약 중에서도 반물질의
발견이 가장 큰 것이었다고 생각한다."
—베르너 하이젠베르크[68]

자연은 기본적인 구성 요소의 수를 2배로 만들기로 결정했다. 놀랍
게도 모든 아원자 입자에 대해서 반대의 전하와 같은 성질을 가진
"반입자antiparticle"가 존재한다. 1927년 이전까지 "반反물질antimatter"
(반입자로 만들어진 물질/역주)이 세상이 존재한다는 사실을 짐작한 사
람은 아무도 없었다. 그러나 그해에 영국의 물리학자 폴 디랙이 빛의
속도에 가까운 속도로 움직이는 전자를 설명하는 방정식을 찾아내는
과정에서 자신의 방정식에 무엇인가 이상한 점이 있다는 사실을 발
견했다.

디랙은 원자와 그 구성 요소의 초미시적 영역을 혁명적으로 설명
하는 양자 이론을 개척한 사람이었다(양자 이론에 대해서는 제7장

참조). 양자 이론은 20세기 초의 실험을 통해서 밝혀진 원자의 기능과 함께 원자가 국소화된 입자와 넓게 퍼지는 파동의 특성을 모두 보여준다는, 겉으로는 상반되는 것처럼 보이는 세상의 두 가지 특징이 서로 조화를 이루도록 만들어주었다. 1926년 오스트리아의 물리학자 에르빈 슈뢰딩거는 이 사실을 공간을 통해서 퍼져나가는 확률의 양자 파동을 설명하는 슈뢰딩거 방정식으로 정리했다.[69]

슈뢰딩거 방정식에는 20세기 물리학의 또다른 혁명을 수용하지 못한다는 문제를 가지고 있다. 아인슈타인은 1905년 특수 상대성 이론으로 질량을 가진 물체가 빛에 가까운 속도로 움직이면 공간과 시간에서 이상한 일이 벌어진다는 사실을 보여주었다. 슈뢰딩거 방정식은 작은 원자에 들어 있는 전자에도 멀쩡하게 적용된다. 핵에 들어 있는 몇 개의 양성자에 의한 전기력은 전자를 빛보다 훨씬 느린 속도로 궤도를 돌게 만든다. 그러나 핵에 많은 수의 양성자가 들어 있는 무거운 원자에서는 전자가 우주적 제한 속도에 훨씬 더 가까운 속도로 움직이기 때문에 슈뢰딩거 방정식이 성립하지 않게 된다. 특수 상대성 이론이 설명하는 상대성과 양립할 수 있는 방정식이 필요했고, 디랙이 찾고 싶었던 것이 바로 그런 방정식이었다.

디랙은 오늘날의 시각에서는 자폐증 진단을 받았을 수도 있을 정도로 독특한 사람이었다. 그는 큰 키에 대벌레를 연상시키는 멀쑥한 모습이었는데, 1주일 내내 열심히 연구하고는, 주말에는 케임브리지 주변의 정원을 오래도록 산책하다가 넥타이를 맨 양복 차림으로 큰 나무에 기어 오르는 것이 그의 습관이었다. 말 그대로 무심했던 그는 물리학의 미스터 스팍(1966년에 처음 제작되었던 인기 SF 드라마 「스타 트렉[Star Trek]」에 등장하는 1등 항해사/역주)과 같은 인물이었다. 강의 중에 손을 들고 "디랙 교수님, 저는 칠판에 적힌 방정식을 이해하지 못하겠습니다"라고 말하는 학생에게 "그것은 질문이 아니라 논평입니다"라고 대답하고 강의를 계속했다는 일화도 있다.

물리학에 대한 디랙의 접근 방법도 그의 개성만큼이나 독특했다. 대부분의 물리학자는 자신이 설명하고 싶은 현상에 대한 일상적인 비유를 찾아낸 후에 그것을 수학 방정식으로 표현하려고 노력한다. 그러나 디랙은 그저 연필과 종이를 들고 앉아서 방정식을 찾아내겠다는 용기를 가지고 있었다. 디랙은 이렇게 말했다. "나의 독특함은 방정식을 가지고 놀고 싶어한다는 것이다. 나는 물리학적으로는 아무런 의미가 없더라도 그저 아름다운 수학적 관계를 보고 싶다. 때로는 그런 방정식에 물리학적인 의미가 담기기도 한다."[70]

디랙이 말 그대로 즉흥적으로 디랙 방정식을 찾아낸 것은 1927년 11월 말, 세인트존스 칼리지의 검소한 연구실에서 "멋진 수학"을 들여다보던 중이었다. 오늘날 디랙 방정식은 런던의 웨스트민스터 사원의 바닥에 놓여 있는 판석에 새겨진 2개의 방정식 중 하나이다. 다른 하나는 블랙홀의 온도를 설명하는 스티븐 호킹의 방정식이다(블랙홀에 대해서는 제14장 참조). 미국의 물리학자 프랭크 윌첵은 이렇게 말하기도 했다. "물리학의 모든 방정식 중에서 아마도 가장 신비로운 것은 디랙 방정식이다. 디랙 방정식은 가장 자유롭게 발명되었고, 실험으로 제한받지 않으면서도 가장 이상하고 놀라운 결과를 보여주었다."[71]

디랙은 상대론적 전자relativistic electron의 에너지와 같은 성질을 단순한 숫자로 설명하는 것은 불가능하고, 대신에 4개의 숫자로 이루어진 2×2 행렬을 사용해야 한다는 사실을 알아냈다. 그런 "이중성"이 전자의 수수께끼 같은 특징을 설명해주었다. 실험을 통해서 밝혀진 것은 입자가 시계 방향과 반시계 방향의 두 가지 중 한 방향으로 회전하는 것처럼 행동한다는 사실이다. 그러나 전자가 정말 회전한다면, 회전 속도가 빛보다 빨라야만 전자의 특성을 설명할 수 있었다. 그러나 그런 일은 아인슈타인에 의해서 불가능한 것으로 밝혀졌다. 물리학자들은 전자의 "스핀spin"을 전혀 새로운 성질이라고 생각할 수밖에 없었다. 스핀은 일상 세계에서는 비유할 만한 것을 찾을 수 없는 고유한 양자적 성질이었다. 그리고 디랙은 그런 성질이 자신의 방정식에서 느닷없이 등장한다는 사실을 깨달았다. 디랙은 이렇게 말했다. "내 방정식은 전자에게 꼭 필요한 성질을 제공했다. 그것은 예상하지 못했던 보너스였다. 나는 전혀 예상하지 못했다." 미국의 물리학자 존 해즈브룩 밴 블렉에 따르면, 전자의 스핀에 대한 디랙의 설명은 "마술사가 실크 모자에서 토끼를 꺼내는 것"과 같은 일이었다.

스핀은 이상했다. 그러나 디랙의 방정식에서 드러난 또다른 사실은 훨씬 더 이상했다. 방정식을 적었던 디랙은 이상하게도 방정식의 구조가 중복된다는 사실을 발견했다. 그의 방정식은 음전하를 가진 전자뿐만 아니라 양전하를 가지고 있으면서 전자와 똑같은 질량을 가진 입자도 설명하는 것처럼 보였다. 당시에는 원자핵의 양성자, 원자핵 주위를 도는 전자, 빛의 입자인 광자, 이렇게 세 가지 아원자 입자만 알려져 있었다. 더 이상의 다른 입자는 필요하지 않은 것처럼 보였다. 베르너 하이젠베르크와 볼프강 파울리와 같은 당대의 위대한 물리학자들도 디랙 방정식이 틀렸다고 생각했다. 그러나 훗날 케임브리지로부터 8,000킬로미터 떨어진 곳에서 이루어진 실험이 밝혀냈듯이 디랙이 옳았고, 그들이 틀렸다.

1932년에 패서디나에 있는 캘리포니아 공과대학의 물리학자 칼 앤더슨은 우주에서 오는 초고에너지 입자인 우주선을 이해하기 위한 연구를 하고 있었다.[72] 그는 우주선이 대기 중의 원자와 충돌하면서 전자를 방출할 것으로 예상했다. 그렇게 방출된 전자의 에너지만 측정한다면 우주선의 에너지를 파악할 수 있다고 믿었다. 그래서 그는 매우 강한 자기장을 이용하여 전자가 휘어지도록 만들었다. 큰 에너지로 빠르게 움직이는 전자는 자기장 속에 머무는 시간이 짧아서 작은 에너지로 느리게 움직여서 더 긴 시간 동안 자기장 속에 머무는 전자보다 더 적게 휘어진다고 추측했다.

앤더슨은 "안개 상자cloud chamber"를 이용해서 전자를 볼 수 있도록 했다. 그는 장치의 내부에서 전자의 궤적을 따라서 만들어지는 작은 물방울의 흔적을 촬영할 수 있었다. 앤더슨은 1932년 8월 2일에 현상한 사진에서 전자와 같은 질량을 가진 입자가 자기장에 의해서 반대 방향으로 휘어진 모습을 보고 깜짝 놀랐다. 그는 디랙이 예측한 것에 대해서는 전혀 알지 못했다. 그렇지만 그는 우연히 디랙이 발견한 양전하를 가진 전자를 관찰했고, 곧바로 "양전자positron"라는 이름을 붙여주었다.

이후 수십 년간 반양성자와 반중성자 등을 비롯한 여러 반입자들이 발견되었다. 반입자가 존재하는 이유는 여러 가지이다. 첫째는 아인슈타인이 알아냈듯이 질량이 에너지의 한 형태이기 때문이다(특수 상대성 이론에 대해서는 제10장을 참조). 질량-에너지는 다른 형태의 에너지로 전환될 수 있고, 반대로 다른 형태의 에너지가 질량-에너지로 전환될 수도 있다.

빛의 광자를 생각해보자. 아인슈타인에 따르면, 광자는 질량-에너지로 변환될 수 있다. 그러나 전하는 생성되거나 소멸되지 않는다는 기본 법칙이 있다. 전하가 없는 광자가 음전하를 가진 전자를 만들어내면, 전하 보존 법칙은 성립하지 않게 된다. 그러나 전자의 전하를 상쇄하는 양전하를 띤 "양전자"가 만들어진다면 모든 문제가 말끔하게 해결된다.

이제 질량-에너지가 다른 형태의 에너지로 바뀌는 반대의 과정을 생각해보자. 전자의 질량-에너지가 빛의 광자로 바뀌는 경우에도 전하 보존 법칙이 깨지게 된다. 그러나 전자와 양전자가 결합하여 소멸되는 과정을 통해서 광자가 만들어지는 것은 허용된다(사실 운동량 보존이라는 또다른 자연 법칙을 만족시키려면 서로 반대 방향으로 날아가는 2개의 광자가 생성되어야 한다).

미국의 소설가 존 업다이크는 이 아이디어의 핵심을 아주 정확하게 이해했다. 그는 "이진수binary를 생각해보자"라고 했다. "물질과 반물질이 서로 만나면 둘 모두가 순수한 에너지로 사라진다. 그러나 둘 모두가 존재했다. 우리가 "존재"라고 부르는 조건이 있었다는 뜻이다. 1과 –1을 생각해보자. 둘을 합치면 0, 무無, 나다nada(무를 뜻하는 스페인어/역주), 니엔테niente(무를 뜻하는 이탈리아어/역주)가 되는 것이 맞을까? 그들이 함께 있는 모습을 상상한 다음, 서로 떨어져 있는 모습을 생각해보자……. 이제는 어떤 것이 있다. 아무것도 없었던 곳에 이제 2개의 무엇인가가 있게 되었다."73

양전자 형태의 반물질 입자는 원자핵에서 언제나 방출되고 있는 것으로 밝혀졌다. 베타 붕괴로 원자핵의 중성자가 양성자로 바뀌는 것처럼, 원자핵의 양성자를 중성자로 만들어주는 일종의 방사능에 의해 양전자가 만들어진다(표준모형에 대해서는 제15장을 참조). 정상 물질에서 그런 양전자는 곧바로 정상 물질의 원자에 들어 있는 전자와 충돌해서 광자로 소멸된다. 양전자는 오랜 시간 존재하지 않기 때문에 1932년까지는 아무도 그런 양전자를 발견하지 못했다.

양전자를 방출하는 방사성 핵은 의학에서 매우 유용한 것으로 밝혀졌다. 양전자 방출 단층 촬영(PET)을 할 때는 환자에게 양전자를 방출하는 수명이 짧은 방사성 물질을 주사하여 몸 전체에 퍼지게 한다. 방출된 양전자는 곧바로 전자와 만나 소멸되면서 반대 방향으로 고에너지의 광자에 해당하는 감마선이 방출된다. 그런 감마선을 검출하면 신체 또는 신체 일부의 3차원 이미지를 만들 수 있다.

실제로 물리학자들이 소량의 반물질을 만들기도 했다. 예를 들면, CERN의 물리학자들은 전자가 양성자 주위를 회전하는 정상적인

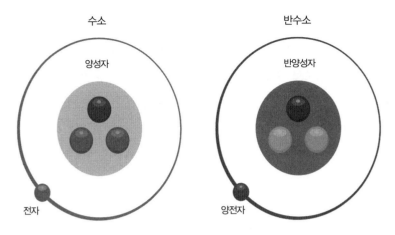

수소　　　　　　　　　　　　　반수소

양성자　　　　　　　　　　　　반양성자

전자　　　　　　　　　　　　　양전자

반물질 원자 정상 수소 원자에서는 전자가 양성자 주위를 회전하지만, 반수소에서는 양전자가 반양성자 주위를 회전한다.

수소 원자와는 달리 양전자가 반양성자 주위를 회전하는 반反수소 원자를 만들었다. 물리학자들은 반물질이 정상 물질처럼 중력에 의해서 아래로 떨어질 것인지, 아니면 위로 올라갈 것인지를 알고 싶었다. 리처드 파인먼은 이렇게 말했다. "모든 실험적 증거와 약간의 이론적 증거에 따르면, 중력에서 중요한 것은 에너지 함량이다. 따라서 중력의 입장에서는 모두 양의 에너지를 가지고 있는 물질과 반물질은 아무런 차이가 없다." 그러나 반물질이 위로 올라가는 것을 관찰하게 된다면 매우 흥미롭고 예상치 못한 새로운 물리학이 등장하게 될 것이다.

물질과 반물질의 소멸은 질량−에너지의 100퍼센트를 열과 같은 다른 형태의 에너지로 변환시킨다. 실제로 태양에서 햇빛을 만드는 핵융합 반응의 효율은 1퍼센트에도 미치지 못한다. 따라서 100퍼센트의 효율로 진행되는 물질-반물질의 소멸은 핵반응 중에서 가장 강력한 것이므로, 반물질은 완벽한 로켓 연료가 될 수 있다. 「스타 트렉」의 우주선 엔터프라이즈 호가 반물질을 연료로 사용하는 것도 바로 이런 이유 때문이다. 아쉽게도 반물질의 생성에 필요한 에너지가 반물질의 소멸을 통해서 얻을 수 있는 에너지보다 더 많다는 것은 단점이다.

물론 양전자가 만들어지고 나면 곧바로 정상 물질의 전자와 빠르게 충돌해서 소멸하는 것은 우리가 사는 우주가 거의 전부 정상 물질로 이루어져 있기 때문이다. 그러나 그렇게 된 이유는 과학의 가장 큰 신비 중의 하나이다. 지금까지 연구된 거의 모든 아원자 과정이 같은 양의 물질과 반물질을 만들어낸다. 따라서 일반적으로는 빅뱅에서도 물질과 반물질이 같은 양으로 만들어졌을 것으로 추정된다. 그러나 만약 실제로 그랬더라면 모든 것이 소멸했을 것이고, 우주에는 광자만 남게 되었을 것이다!

그렇지만 우리가 물질이 지배하는 우주에서 살게 된 이유는 현재 우주에 있는 모든 물질의 입자 1개당 약 100억 개의 광자가 존재한다는 관찰에서 그 실마리를 찾을 수 있다. 물리학의 기본 법칙이 아주 조금 기울어서, 빅뱅에서 100억 개의 반물질 입자마다 100억 개보다 1개 더 많은 정상 물질 입자가 생겨났다는 뜻이다. 소멸의 광란이 끝난 후의 우주는 예상했듯이 반물질이 모두 없어지고, 100억 개의 광자당 1개의 정상 물질 입자가 남았을 것이다.

물리학자들은 현재 반물질보다 정상 물질을 선호하도록 기울어진 아원자 과정을 연구하고 있다. 그러나 우리 주변에서 보는 우주를 설명하는 수준의 비대칭성은 아직도 찾지 못하고 있다. 반물질의 미스터리는 여전히 남아 있다는 뜻이다!

중성미자

물질 세계에서 중성미자는 거의 존재감이 없는 유령 같은
입자이지만, 우주 전체에서는 두 번째로 흔한 입자이다

"중성미자를 통해 들여다볼 수 있게 된 태양 중심부의
이미지는 매우 생생하고 흥미롭다."
—아서 B. 맥도널드[74]

엄지손가락을 들어보자. 매초 1,000억 개의 중성미자가 여러분의
엄지손톱을 통과해서 지나간다. 8분 30초 전만 하더라도 태양의 중
심부에 있던 중성미자이다. 햇빛을 생성하는 핵반응에서 엄청나게
많은 수의 중성미자가 만들어진다. 그러나 중성미자는 극도로 반사
회적인 성질을 가지고 있어서 물질에 의해서 쉽게 차단되지 않는다.
따라서 압도적으로 많은 수의 중성미자가 마치 여러분의 몸이 실체
없이 텅 비어 있는 공간인 것처럼 아무렇지 않게 통과한다.

중성미자의 존재는 1930년 오스트리아의 물리학자 볼프강 파울리
가 처음으로 제안했다. 그는 개인적으로 상당한 어려움을 겪고 있었
다. 남편에게 버림받은 그의 어머니는 2년 전에 자살로 세상을 떠났

고, 1년 동안 함께 살았던 베를린의 카바레 댄서 출신의 아내는 길 건너편 집에서 한 화학자 남자친구와 동거 중이었다. 빈의 심리 치료사 카를 융에게 도움을 청하기도 했던 파울리에게 물리학은 그가 매우 즐겁게 시간을 보낼 수 있는 주제였다. 특히 중성미자에 대한 그의 제안은 그를 비롯한 당대의 물리학자들이 깊이 고민하고 있던 문제에 대한 "절박한 대안"이었다. 그것은 특정한 유형의 방사능에 관한 것이었다.

1896년 프랑스의 물리학자 앙투안 베크렐은 많은 에너지를 가지고 있어서 불안정한 원자핵이 더 안정한 원자핵으로 변환되는 방사성 붕괴를 발견했다. 그로부터 2년도 지나지 않아서 뉴질랜드의 물리학자 어니스트 러더퍼드를 비롯한 물리학자들이 알파 입자(헬륨의 원자핵), 감마선(고에너지 빛), 베타 입자(전자) 등 세 가지 종류의 방사선이 존재한다는 사실을 알아냈다. 특정한 원자핵에서 방출되는 알파 입자와 감마선은 항상 정해진 에너지를 가지고 있다. 그러나 베타 입자는 다양한 에너지로 방출된다는 사실이 중요한 수수께끼였다.

총을 상상해보자. 똑같은 양의 폭약에 의해서 발사되는 총알은 언제나 정확하게 똑같은 에너지와 똑같은 속도로 총구를 떠난다. 특정한 원자핵에서 나오는 베타 입자도 역시 똑같은 폭약에 의해서 방출된다. 그렇다면 베타 입자는 어떻게 서로 다른 에너지를 가질 수 있을까? 이 수수께끼 때문에 당시 물리학계의 거장이던 닐스 보어는 원자의 세계에서 일어나는 일은 에너지 보존 법칙을 따르지 않을 수 있다고 주장하기도 했다. 에너지는 생성되거나 소멸될 수 없고, 한 형태에서 다른 형태로 변환될 뿐이라는 에너지 보존 법칙은 물리학의 주춧돌이었다. 보어의 제안은 당시의 물리학자들이 얼마나 절박했는지를 보여준다.

그러나 베타 붕괴의 수수께끼를 풀기 위해서 에너지 보존 법칙을 포기해야 한다는 주장은 파울리가 보기에는 지나친 것이었다. 그가 생각할 수 있는 유일한 해결책도 역시 절박해 보이기는 마찬가지였다. 물리학자들이 베타 입자가 독립적으로 방출된다고 착각했다고 가정해보자. 그런데 사실은 베타 입자가 다른 입자와 함께 방출되었던 것이다. 그렇게 되면 두 입자가 전체 에너지를 나누어 가지게 된다. 만약 두 번째 입자가 전체 에너지의 대부분을 차지한다면, 베타 입자의 에너지는 매우 적을 것이다. 반대로 두 번째 입자가 적은 에너지를 가지게 된다면, 베타 입자는 많은 에너지를 가지게 된다.

파울리는 그런 새로운 입자가 전기적으로 중성이어야 한다고 예측했고, 그래서 "중성미자"라고 불렀다.[75] 중성미자는 핵의 질량에 아무 영향을 미치지 않기 때문에 질량이 없을 것이고, 그동안 어떤 실험에서도 확인된 적이 없었던 것으로 보아 정상 물질과의 상호작용도 매우 약해야 했다. 파울리는 자신의 제안이 비현실적이라는 사실을 분명하게 알고 있었다. 그는 "끔찍한 일을 저질렀다. 검출할 수도 없는 입자의 존재를 제안했다"라고 말하기도 했다. 실제로 파울리는 아무도 중성미자를 검출하지 못할 것이라는 데에 샴페인 한 상자를 걸었다.

1951년으로 빠르게 돌아가보자. 미국의 물리학자 프레더릭 라이너스는 10여 년 동안 태평양의 외딴 환초環礁에서 더 큰 원자폭탄을 시험하는 일에 지쳐 있었다. 휴식이 필요했던 그는 뉴멕시코 주의 로스앨러모스에 있는 원자폭탄 실험실에서 일하게 되었다. 원자폭탄을 개발하는 일은 그에게 큰 깨달음을 가져다주었고, 어느 날 사무실에 앉아서 미래를 고민하다가 중성미자에 관심을 가지게 되었다. 핵폭발의 불덩어리 속에서 엄청나게 많은 중성미자가 생성된다. 과연 자신이 그런 중성미자를 검출할 수 있을까?

라이너스가 뉴저지 주 프린스턴에서 개최된 물리학 회의에 참석하기 위해서 대륙을 횡단하던 중, 비행기가 엔진 문제로 미주리 주 캔자스시티에 착륙하게 되었다. 같은 미국 원자탄 개발팀에서 일했던 다른 물리학자도 그곳에 있었지만, 제대로 대화를 나눠본 적도 없는 사이였다. 비행기의 수리가 끝나기를 기다리는 동안 두 사람은 이야기를 나누기 시작했다. 그리고 라이너스와 클라이드 카원은 곧바로 친구가 되었다. 기초 물리학에 관한 대화를 하던 두 사람은 세상에서 가장 어려운 실험이 무엇인지에 대해서 이야기했다. 두 사람은 즉시 중성미자 검출이 가장 어렵다는 데에 동의했다. 그 실험은 중성미자의 존재를 제안한 사람을 포함하여 모두가 불가능하다고 생각했기 때문에 더욱 매력적이었다. 누구나 불가능하다고 말하는 일을 해낸다면 얼마나 큰 화제가 될지를 상상해보자. 바로 그곳에서 두 사람은 당장 함께 실험해보기로 결심했다.

중성미자를 검출하기 위한 라이너스와 카원의 전략은 적어도 원칙적으로는 간단했다. 중성미자가 1개의 원자에 의해서 잡힐 확률은 매우 낮더라도 많은 원자를 모아놓으면 그 확률을 충분히 높게 만들 수 있을 것이다. 그들은 10톤의 질량을 가진 검출기를 사용하기로 했다. 처음에 라이너스와 카원은 원자폭탄의 폭발 현장에서 50미터 이내의 거리에 검출기를 설치할 계획이었다. 실제로 네바다 주의 폭탄 실험장에 탐지기를 설치할 45미터 깊이의 구덩이를 파는 작업까지 시작했다. 그러나 두 물리학자는 한 순간에 끝나버리는 핵폭탄 폭발 현장에서보다는 그 강도가 1,000분의 1 정도로 약하지만, 몇 달 동안 연속적으로 모니터링할 수 있는 원자로nuclear reactor가 훨씬 더 나은 선택이라는 사실을 깨달았다.

워싱턴 주 핸퍼드의 원자로에서 실시한 라이너스와 카원의 첫 번째 실험은 실패였다. 그러나 1955년 11월에 그들은 자신들의 "폴터가이스트(시끄러운 소리를 내는 유령/역주) 프로젝트"를 사우스캐롤라이나 주 서배너 강에 있는 P 원자로로 옮겼다. 그리고 그들은 1956년 6월 14일의 실험에 성공했다. 그들이 모든 예상을 뒤엎고 중성미자를 검출한 것이다. 그들은 곧바로 취리히에 있던 파울리에게 전보를 보냈고, 그다음 날 파울리의 답장이 도착했다. "소식을 알려주어 감사합니다. 모든 것은 기다리는 사람에게 오는 법입니다. 파울리가." 1995년 라이너스는 노벨 물리학상을 받았다. 안타깝게도 카원은 이미 세상을 떠난 후였다.

그러나 이것은 중성미자 이야기의 시작일 뿐이다. 서배너 강의 원자로에서 중성미자 검출을 시도하고 있던 또다른 사람이 있었다. 라이너스와 카원 팀에게 밀렸던 레이 데이비스는 실망하지 않았다. 오히려 더 열심히 노력했다. 1960년대 중반에 그는 사우스다코타 주 리드에 있는 홈스테이크 금광의 1.5킬로미터 지하에 40만 리터의 세정액(사염화탄소)이 들어 있는 검출기를 설치했다. 이따금씩 충돌하는 중성미자에 의해서 염소 원자가 아르곤 원자로 바뀌는 현상을 관찰하겠다는 것이 데이비스의 아이디어였다. 그의 대담한 목표는 태양의 중심부에서 중성미자를 검출하는 것이었다. 그리고 놀랍게도 그는 성공했다. 결국 그는 역사상 처음으로 별의 중심부를 "들여다본" 사람이 되었고, 중성미자 천문학의 창시자가 되었다. 그러나 문제가 있었다. 홈스테이크 검출기는 태양에서 검출될 것이라고 예상했던 중성미자의 3분의 1밖에 검출하지 못했다.

데이비스의 실험과 그가 발견한 이상 현상 때문에 다른 연구자들도 중성미자 실험을 시작했고, 이제는 그들이 "태양 중성미자의 수수께끼"로 알려진 문제를 풀어냈다. 그 해답은 놀라운 것이었다. 중성미자에는 한 가지 종류 또는 "맛flavor"만 있는 것이 아니었다. 전자-중성미자, 뮤온-중성미자, 타우-중성미자의 세 종류가 있었다(표준모형에 대해서는 제15장 참조). 자연은 쿼크와 렙톤뿐만 아니라 중성미자도 세 종류를 만들어놓았던 것이다.

결정적으로 캐나다 온타리오 주의 서드베리 중성미자 천문대가 세 가지 종류의 입자를 모두 검출했다. 그리고 2006년에는 세 종류의 중성미자의 수를 합치면, 실제로 중성미자의 수가 모자라지 않다는 사실을 확인했다. 중성미자는 태양에서 오는 과정에서 세 가지 형태 사이를 진동한다. 데이비스의 실험에서 검출한 중성미자가 예상한 값의 3분의 1일이었던 이유가 확인된 것이다. 태양에서 방출되는 중성미자는 그의 실험에서 검출할 수 있는 유형인 전자-중성미자로, 전체 중성미자의 3분의 1에 해당할 뿐이었다.

중성미자 진동은 파울리를 비롯한 사람들이 0이라고 가정했던 중성미자의 질량과 관련이 있다. 아인슈타인에 따르면 광자처럼 질량이 없는 입자만 우주의 궁극적인 속도 한계인 빛의 속도로 움직일 수 있다. 그리고 그런 입자는 그의 특수 상대성 이론에 따라 시간이 느려져서 결국 정지한다. 변화는 시간 속에서만 가능하기 때문에 광자는 변할 수 없다. 따라서 중성미자가 세 가지 맛 사이를 진동하면서 **변화할 수 있다**는 사실은, 중성미자가 빛의 속도로 움직일 수 없고 따라서 질량을 가지고 있다는 뜻이다.

세 가지 중성미자의 질량은 일상적인 물질의 입자 중에서 가장 가벼운 전자의 질량보다 대략 100만 배 정도 더 작다. 이런 사실은 자연의 다른 모든 아원자 입자와 전혀 어울리지 않으며, 결국 중성미자는 다른 입자와는 달리 힉스장과의 상호작용을 통하지 않고 다른 방식으로 질량을 가지게 된다는 뜻이다(힉스장에 대해서는 제18장 참조). 입자물리학의 표준모형이 잘못되었거나 더 깊고 진리에 가까운 이론의 근사에 지나지 않는다면, 중성미자는 이 애매한 "만물의 이론"에 대한 수수께끼 같은 단서를 암시하는 것일 수도 있다.

오늘날 데이비스가 개척한 중성미자 천문학은 성숙한 연구 분야로 자리를 잡았다. 일본의 광산 깊은 곳에 있는 슈퍼 가미오칸데 중성미자 검출기는 과학의 역사에서 가장 놀라운 이미지를 만들어냈

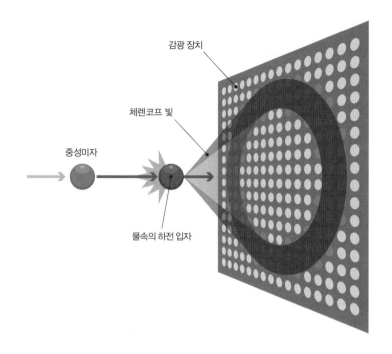

검출할 수 없는 것의 검출 중성미자가 물 분자의 양성자나 중성자와 상호작용하면서 만들어지는 하전 입자가 물속을 빠르게 이동하면 원뿔 형태로 체렌코프 빛이 생성된다. 이 빛은 광전자 증배관(photomultiplier tube)을 통해서 포착할 수 있다.

다. 밤하늘을 올려다보는 대신 지구 중심부를 통해서 지구 반대편에 있는 태양을 내려다보고, 빛이 아닌 중성미자를 이용해서 촬영한 태양의 모습이다. 슈퍼 가미오칸데의 검출기는 10층 높이의 통조림 캔 모양의 검출기에 들어 있는 물의 양성자가 중성미자와 상호작용하면서 발생하는 "체렌코프 빛Cherenkov light"(방사선과 같이 전하를 가진 입자가 물과 같은 물질 속을 고속으로 통과할 때 방출되는 빛/역주)을 벽에 설치한 수천 개의 광전자 증배관을 통해서 포착한다. 빛의 광자가 태양의 중심부에서 빠져나오는 데에는 약 3만 년의 시간이 걸리지만, 태양의 고밀도 물질의 영향을 받지 않는 중성미자는 2초 만에 태양을 빠져나올 수 있다(태양이 뜨거운 이유에 대해서는 제4장 참조). 중성미자가 우주를 가로질러 지구까지 8분 30초 동안 날아와서 우리에게 태양 내부의 모습을 실시간으로 보여줄 수 있는 것도 그 때문이다.

중성미자는 우주에서 핵심적인 역할을 한다. 중성미자는 질량이 매우 작지만 138억2,000만 년 전의 빅뱅과 오늘날의 별에서도 엄청나게 많은 수가 생성되고 있기 때문에 우주 질량의 상당한 부분을 차지한다. 여러분이 이 글을 읽을 수 있는 것도 중성미자 덕분이다. 중성미자가 거대한 별을 초신성으로 폭발시켰기 때문이다. 그런 폭발은 1,000억 개의 별로 이루어진 은하 전체만큼 밝게 빛났을 것이다. 그러나 폭발 에너지의 99퍼센트는 빛이 아니라 중성미자의 형태로 방출된다. 거대한 별의 내부에서는 탄소, 칼슘, 철과 같이 생명에 필요한 무거운 원소도 만들어진다. 중성미자가 별을 폭발시켜서 흩어지게 만들지 않았다면, 그런 원소는 영원히 별 안에 갇혀 있었을 것이다. 우리의 태양과 행성은 앞선 세대의 별들이 초신성으로 폭발하면서 흩어진 잔해로 오염된 가스 구름이 뭉쳐져서 형성되었기 때문에 생명에 필요한 원료를 가지게 되었다. 미국의 천문학자 앨런 샌디지는 이런 말을 남겼다. "우리는 모두 형제이다. 우리는 모두 같은 초신성 폭발에서 태어났다."

이 정도로도 중성미자의 가치를 인정할 수 없다면, 중성미자가 지구 내부 깊은 곳에 있는 원소의 방사성 베타 붕괴를 가능하게 만들어 준다는 사실도 알아야 한다. 그런 일이 일어나지 않았다면 지구의 내부는 지난 45억5,000만 년 동안 액체 상태로 유지되지 못했을 것이고, 지각판은 정지했을 것이며, 생명은 존재할 수 없었을 것이다.

21

빅뱅

우주는 뜨겁고 밀도가 높은 상태에서 시작되었고,
그후에는 팽창과 냉각을 계속하고 있다

"원소는 오리 요리와 구운 감자를 조리할 때보다
더 짧은 시간 안에 만들어졌다."
―조지 가모

과학의 역사에서 가장 위대한 발견은 어제가 없는 날이 있었다는 사
실을 알아낸 것이다. 우주는 영원히 존재했던 것이 아니라 어느 날
느닷없이 탄생했다. 대략 138억2,000만 년 전에 우리가 빅뱅이라고
부르는 불덩어리 속에서 모든 물질, 에너지, 공간은 물론이고 심지어
시간까지 폭발하듯이 탄생했다. 불덩어리가 팽창하여 냉각된 잔해가
응결되면서 2조 개에 달하는 은하가 만들어졌다. 우리가 살고 있는
은하수도 그중 하나이다.

우주가 단순히 아무것도 없는 무無에서 생겨났다는 생각은 매우 우
스꽝스러워 보인다. 대부분의 물리학자들도 그렇게 생각했다. 물리
학자들은 발길에 차이고 비명을 지르면서 끌려다닌 후에야 그런 아

이디어를 수용하게 되었다. 그런 발상을 진지하게 받아들일 수밖에 없었던 것은 그만한 증거가 있었기 때문이다.

현대 우주론은 알베르트 아인슈타인으로부터 시작되었다. 제1차 세계대전이 한창이던 1915년 11월에 아인슈타인은 베를린의 프로이센 과학 아카데미의 강연에서 자신의 중력 이론을 발표했다. 기본적으로 아인슈타인은 더 일반적으로는 에너지라고 할 수 있는 질량이 시공간을 뒤틀고, 바로 그 뒤틀린 시공간이 중력이라는 사실을 보여주었다.

이듬해에 아인슈타인은 상상할 수 있는 가장 큰 중력 질량인 우주 전체에 자신의 이론을 적용했다. 그러나 우주가 변하지 않는다고 확신했던 그는 실수를 저지르고 말았다. 그는 우주의 기원에 대한 성가신 의문을 해결해야만 했다. 만약 우주가 영원히 존재했다면 우주에는 시작이 없었을 것이다. 우주를 "정적靜的"으로 만들기 위해서 아인슈타인은 방정식에 질량 사이의 중력에 의한 인력을 상쇄시키는 비어 있는 공간의 반발력을 나타내는 우주 상수를 추가했다. 당시에는 대형 망원경으로 볼 수 있는 흐릿한 나선형 성운이 실제로 우리 은하 너머에 있는 또다른 은하라는 사실이 일반적으로 받아들여지지 않았다. 이런 핑계로 아인슈타인의 실수를 용납할 수도 있었다.

그러나 아인슈타인의 방정식에서 메시지를 발견한 사람도 있었다. 1920년대에 러시아의 물리학자 알렉산드르 프리드만과 벨기에의 조르주 르메트르는 우주가 불안정하다는 사실을 깨달았다. 우주는 팽창하거나 수축하며 움직이고 있는 것이 분명했다. 프리드만과 르메

트르는 오늘날 우리에게 익숙한 "빅뱅 모형"을 발견한 공로를 인정받았다.

그러나 이론은 이론일 뿐이다. 그런 빅뱅 이론에 힘을 실어준 것은 미국의 천문학자 에드윈 허블의 발견이었다. 1929년 허블은 캘리포니아 윌슨 산에 있는 세계에서 가장 큰 망원경인 지름 2.5미터의 후커 망원경을 이용해서 우주가 팽창하고 있고, 먼 과거에 일어난 거대한 폭발의 영향 때문에 은하가 우주의 파편들처럼 서로 멀어지고 있다는 사실을 발견했다.

그러나 아인슈타인이 좋아했던, 영원하고 변하지 않는 우주라는 아이디어를 고집하는 것은 여전히 가능했다. 1948년 과학자 프레드 호일, 헤르만 본디, 토머스 골드가 정상 상태 이론steady state theory을 제안했다. 그들은 케임브리지의 한 영화관에서 함께 관람한 공포 영화「악몽의 밤Dead of Night」에서 깊은 감명을 받았다.[76] 그 영화의 줄거리는 뱀이 스스로 자신의 꼬리를 삼키는 것처럼 끝과 시작이 연결되는 순환 구조였다.

정상 상태 이론에 따르면, 물질은 한 번의 폭발로 한꺼번에 생성된 것이 아니라, 은하가 서로 떨어져서 날아가는 동안 은하 사이의 공간에서 계속 생성되며 새로운 은하로 응결되었다. 이 이론의 핵심적인 중요성은 반증이 가능하다는 것이었다. 이 이론에 따르면 우주는 반드시 변하지 않아야 하고, 따라서 우주는 모든 장소에서 **언제나** 똑같게 보여야 한다. 그런데 1960년대 초의 천문학자들은 새로 탄생하는 은하의 극도로 밝은 중심에 해당하고, 오늘날의 우주에는 존재하지 않는 퀘이사를 발견했다(퀘이사는 아주 먼 거리에서 발견되고, 빛의 속도는 유한해서 우리는 먼 과거의 퀘이사를 당시의 모습 그대로 볼 수 있다). 그리고 1965년 뉴저지 주 홈델에 있는 벨 연구소의 천문학자 아노 펜지어스와 로버트 윌슨이 빅뱅 불덩어리가 만들어낸 전파의 잔광을 포착했다.[77]

우주 배경 복사cosmic background radiation라고 알려진 이것이 우리가 사는 우주의 가장 독특한 특징이다. 우주 배경 복사는 대부분 대기 중의 수증기에 흡수되기 때문에 1965년까지 발견되지 않았다. 그러나 놀랍게도 우주에 존재하는 빛 입자인 광자의 99.9퍼센트가 우주 배경 복사에 포함되어 있어서 실제로 별과 은하에서 나오는 빛은 0.1퍼센트에 지나지 않는다. 우주 배경 복사를 볼 수 있는 눈을 가진 사람이 대기권 바깥으로 올라가면 우주 공간 전체가 창조의 열기로 밝게 빛나고 있을 것이라는 뜻이다.

허블의 우주 팽창 발견이 과거에는 우주가 더 작았을 뿐만 아니라 더 뜨거웠음을 뜻한다는 사실을 처음 깨달은 사람은 우크라이나 출신의 미국인 물리학자 조지 가모였다. 예를 들면 자전거용 펌프로 압축된 공기처럼, 무엇이나 작은 부피로 압축하면 뜨거워진다. 따라서 빅뱅은 핵폭발의 불덩어리처럼 "뜨거운" 빅뱅이었다.

당시 실제로 자연의 원소가 만들어질 수 있는 용광로를 찾고 있었던 가모에게 뜨거운 빅뱅은 그런 조건에 완벽하게 들어맞는 것처럼 보였다. 가장 가벼운 수소부터 가장 무거운 우라늄에 이르기까지 92종의 자연 발생 원소는 창조주가 우주 창조의 첫날 한꺼번에 우주에 넣어준 것이 아니라 가장 단순한 레고 블록인 수소로부터 단계적으로 쌓아올린 것이라는 증거가 있었다. 영국의 우주학자 에드워드 해리슨은 "수소는 가볍고 냄새가 없는 기체로, 충분한 시간이 주어지면 결국 사람으로 변한다"라고 말했다. 그런데 원자의 중심에 있는 핵은 양전하를 가지고 있어서 서로 격렬하게 반발한다는 것이 문제였다. 이런 반발력을 극복하고 서로 달라붙을 수 있도록 만들기 위해서는 원자들이 서로 매우 빠른 속도로 부딪치게 해야 한다. 원자를 고온으로 만들어야 한다는 것과 같은 말이었다. 실제로 수십억 도의 온도가 필요했다. 가모는 별에 그렇게 높은 온도의 용광로는 존재할 수 없을 것이라고 잘못 생각했다.

구체적인 연구보다 아이디어를 내는 일을 좋아했던 가모는 핵 합성에 대한 실질적인 계산은 자신의 추종자였던 랠프 알퍼와 로버트 허먼에게 맡겨버렸다. 그들은 빅뱅의 불덩이에서는 수소가 쉽게 헬륨으로 변할 수 있다는 사실을 발견했다. 수소가 헬륨을 비롯한 몇 가지 원소로는 쉽게 전환될 수 있음을 발견한 것이다. 그러나 안타깝게도 불덩어리는 곧바로 식어버려서 오늘날 우주에 존재하는 무거운 원소를 만들 수는 없었다. 혈액 속의 철, 뼈에 들어 있는 칼슘, 숨을 쉴 때마다 폐를 가득 채우는 산소가 모두 태양과 지구가 탄생하기 전에 폭발한 별에서 만들어진 원소였다. 이런 사실은 호일이 이끄는 연구팀이 발견한 것이었다. 자연은 단순하지 않았다. 가벼운 원소는 빅뱅에서 만들어졌지만, 무거운 원소는 별의 내부에서 만들어졌다.

빅뱅의 원소 생성에 집중했던 가모는 알퍼와 허먼이 주목했던 중요한 사실을 간과했다. 불덩어리의 빛은 우주에 존재하는 모든 것이었기 때문에 오늘날에도 여전히 존재해야 한다. 다만 지난 138억 2,000만 년 동안의 팽창으로 크게 냉각된 우주에서는 더 이상 가시광선이 아니라 우리에게는 보이지 않는 전파로 변해버렸다. 알퍼와 허먼이 1948년 과학 학술지 「네이처Nature」에 발표한 이런 결과에 아무도 주목하지 않았다. 심지어 우주 배경 복사를 발견한 1965년에도 17년 전의 결과를 언급하는 사람은 없었다. 가모를 비롯한 과학자들은 극도로 상심했다. 창조의 잔광을 우연히 발견한 공로로 펜지어스와 윌슨이 노벨 물리학상을 수상한 1978년에는 더욱 그랬다.

오늘날 우주 배경 복사의 온도는 2.726K(켈빈), 즉 섭씨 약 −270도로 알려져 있다. 스티븐 호킹이 말했듯이 "빅뱅에서 남은 방사선은 전자레인지에서 사용하는 마이크로파와 같은 것이지만 세기가 훨씬 약하다. 피자를 영하 270도까지 가열할 수 있는 정도이다. 냉동 피자를 익히기는커녕 녹이기도 불가능하다!"

빅뱅이라는 말은 1949년 프레드 호일이 BBC 라디오 방송에서 처음 사용했다(그러나 역설적으로 그는 그 이론을 믿지 않았다). 매력적인 표현이기는 하지만, 빅뱅이라는 거대한 우주 폭발에 대한 심리적 이미지를 제대로 연상시켜주지는 못한다. 빅뱅은 생각할 수 있는 거의 모든 면에서 적절하지 못한 이름이다. 수류탄에서 일어나는 것과 같은 폭발은 우주의 특정 지점에서 일어나고, 그런 폭발에 의한 파편이 이미 존재하고 있는 공간으로 날아간다. 그러나 실제 빅뱅은 한 지점에서 발생한 것도 아니고, 이미 존재하고 있던 공간도 없었다. 공간이 빅뱅 자체에 의해서 창조되었기 때문이다. 빅뱅 모형이 알려주는 것은 우주가 갑자기 생겨났고, 그 공간에서 모든 점은 다른 모든 점으로부터 멀어지기 시작했다는 것뿐이다. 우리가 우주를 바라볼 때 가장 가까운 은하를 제외한 모든 은하가 우리로부터 멀어지는 것처럼 보이는 것도 그런 이유 때문이다. 우리가 다른 은하에 있더라도 똑같은 광경을 보게 된다. 빅뱅은 특정한 곳에서 일어난 것이 아니기 때문이다. 빅뱅은 모든 곳에서 동시에 일어났다.

우주가 뜨겁고 밀도가 높은 단계에서 시작되었고, 그후에는 냉각된 잔해가 은하로 응결되면서 계속 팽창해왔다는 기본적인 빅뱅 이론에는 논쟁의 여지가 없다. 그러나 시간이 흐르면서 이론의 예측이 관측 결과와 맞지 않는 경우가 있다는 사실이 확인되었고, 여러 가지 새로운 요소들이 추가되고 대폭 수정되기도 했다. 암흑 물질, 암흑 에너지, 급팽창inflation이 추가된 세 가지 핵심 요소이다.[78]

암흑 물질은 반反물질과는 다른 것이다. 암흑 물질은 확인할 수 있는 빛을 내지 않으면서도 중력을 가지고 있고, 우리의 존재를 설명하기 위해서 반드시 필요한 것이기도 하다. 그러나 빅뱅 이후 138억2,000만 년이라는 시간이 물질이 중력에 의해서 한곳에 모여서 우리가 사는 은하수와 같은 은하를 만들기에는 충분하지 않다는 것이 문제이다. 중력을 더 강하게 만들고 은하의 형성 과정을 가속시키려면, 우리가 확인할 수 있는 물질보다 6–7배에 이르는 암흑 물질이 필요하다. 여전히 암흑 물질이 무엇인지는 아무도 모른다. 빅뱅의 불덩어리 자체에서 만들어진 원시 블랙홀일 수도 있고, 지금까지 발견되지 않은 아원자 입자일 수도 있다.

기본 빅뱅 이론에 더해진 두 번째 요소인 암흑 에너지는 우주의 팽창 속도가 빨라지고 있다는 1998년의 발견 때문에 필요하게 되었다. 빅뱅 모형은 모든 은하가 다른 은하를 끌어당기는 중력에 의한 제동 효과 때문에 우주의 팽창이 느려진다고 예상했다. 암흑 에너지는 우주 질량−에너지의 약 70퍼센트를 차지한다. 암흑 에너지는 눈에 보이지 않고, 모든 공간을 채우고 있으며, 반발 중력을 가지고 있다. 우주 팽창을 가속시키는 것이 바로 암흑 에너지의 반발 중력이다. 암흑 물질이 수수께끼라면 암흑 에너지는 수수께끼의 제곱이다. 원자와 그 구성 요소로 이루어진 초미시 영역의 세계를 가장 잘 설명하는 양자 이론으로 우주 진공의 에너지를 예측하면, 천문학자들의 추정치보다 10^{120}배나 더 큰 값을 얻게 된다. 이것은 과학의 역사에서 예측과 관측이 맞지 않는 최악의 결과이다. 우리가 무엇인가를 놓치고 있는 것이 분명하다!

우주가 존재하기 시작한 최초의 순간에 일어난 초고속 팽창인 급팽창은 기본적인 빅뱅 이론에 더해진 세 번째 요소이다. 급팽창은 밤하늘에서 우주 배경 복사의 온도가 방향에 상관없이 근본적으로 모두 똑같다는 사실 때문에 필요하게 된 것이다. 그러나 영화를 거꾸로 돌려보는 것처럼 우주의 팽창을 거슬러 오른다면, 빅뱅에 가까워지면서 오늘날 같은 온도를 유지하고 있는 우주의 여러 영역들이 서로 들어맞지 않게 된다. 즉, 빅뱅 이후 빛의 속도로 이동하더라도 우주의 여러 영역들 사이를 이동할 수 있는 충분한 시간이 없었다는 뜻이다. 따라서 한 영역이 다른 영역보다 더 빨리 냉각되더라도 더 뜨거운 영역에서 더 차가운 영역으로 열이 이동해서 온도를 균일화하지 못하게 된다.

우주 배경 복사의 온도가 모든 곳에서 똑같을 수 없는데도 불구하고 실제로는 온도가 같다는 수수께끼를 해결하기 위해서는 초기의 우주가 우리의 순진한 추론보다 훨씬 더 작았다고 가정해야 한다. 그러면 우리가 너무 멀리 떨어져 있었다고 추론했던 영역들이 사실은 서로 가까이에 있어서 온도가 균등해졌을 수도 있을 것이다. 물론 초기 우주가 훨씬 더 작았다면, 138억2,000만 년 동안 현재의 크기로 커지기 위해서는 우주가 훨씬 더 빠르게 팽창해야 했을 것이다. 이런 초고속 팽창을 급팽창이라고 부른다. 급팽창은 동력이 고갈된 후에 이어진 좀더 차분한, 허블 팽창의 다이너마이트 폭약과 대비되는 수소 폭탄의 폭발에 비유되기도 한다.

급팽창은 비정상적으로 많은 에너지를 가진 진공에 의해서 유발된 것으로 보인다. 양자 이론에 따르면 우주의 진공은 결코 비어 있는 것이 아니라, 아원자 입자와 그 반입자가 아주 찰나의 순간에 나타났다가 다시 사라지는 이른바 양자 요동quantum fluctuation에 의한 에너지로 가득 차 있다. 우주가 탄생한 고에너지 또는 급팽창의 진공 상태는 반발 중력을 가지고 있다. 그것이 우주를 팽창하도록 만들어주었다. 그런 팽창이 더 많은 고에너지 진공을 만들었다. 양손 사이에 돈 뭉치를 들고 있는데 두 손을 떼면 더 많은 지폐가 만들어지는 모습을 상상해보자. 이것이 바로 급팽창 진공이 작동하는 방식이다.

진공이 많아지면 반발력이 커지게 되고, 그래서 급팽창 진공은 더욱 빠르게 팽창했다. 그러나 급팽창 진공은 본질적으로 불안정했다. 급팽창 진공 전체에서 무작위적으로 작은 부분들이 익숙한 진공으로 사라졌다. 계속 팽창하는 바다에서 거품이 형성되는 모습을 생각해보자. 그런 일이 일어나는 과정에서는 급팽창 진공의 엄청난 에너지가 어디인가로 흘러가야 했다. 그것이 물질을 생성시키고, 그렇게 생성된 물질을 맹렬한 속도로 가열시켰다. 그 에너지가 빅뱅 우주를 만드는 데에 사용되었다. 우리는 끊임없이 팽창하는 급팽창 우주의 빅뱅 거품 속에 살고 있는 것이다. 이런 과정에서 빅뱅은 일회적인 사건이 아니었다. 빅뱅은 여전히 계속 팽창하는 급팽창 진공 상태에서 폭죽처럼 터지고 있다.

급팽창이 시작될 때에는 1킬로그램 정도의 작은 물질만 있으면 된다는 것이 급팽창 이론의 장점이다. 그외의 모든 것은 진공의 에너지에서 만들어진다. 그래서 물리학자들은 급팽창을 "궁극의 공짜 점심"이라고 부른다. 1킬로그램의 질량이 어디에서 왔는지에 대한 답도 있다. 놀랍게도 양자 이론은 이처럼 무無에서 유有를 창조하는 일을 허용한다!

급팽창이 빅뱅의 팽창 이전에 무엇이 있었는지를 설명해주기는 한다. 그렇다고 그런 급팽창이 영원히 계속될 수는 없다. 급팽창은 분명히 어느 시점에 시작되었을 것이다. 결국 물리학자들은 여전히 팽창 이전에는 무슨 일이 일어났는가라는 정상 상태 이론이 회피하려고 했던 골치 아픈 문제를 해결하지 못하고 있다. 더욱 심각한 문제는 빅뱅 이론이 3개의 자의적인 보완 요소를 가지고 있다는 것이다. 이것들은 자연이 선호하는 우아한 이론과는 거리가 멀다. 급팽창, 암흑 물질, 암흑 에너지를 더 매력적이고 매끄러운 실체로 통합할 수 있는 더 심오하고 근본적인 우주론이 있을 것이라는 강한 의심을 지울 수 없다.

감사의 말

이 책을 집필하는 동안 직접 도움을 주고, 영감을 주고, 격려해준 분들께 감사드린다. 카렌, 조 스텐살, 캐리 플릿, 그레이스 케이프웰, 그레이엄 파멜로, 데이비드 통, 프랭크 클로스, 크리스 스트링거, 캘럼 스미스, 미셸 탑햄, 만지트 쿠마르, 케빈 기브니, 줄리언 버킷, 베카 라이트, 헬렌 캠버배치, 닉 포셋.

용어 해설

간섭(interference) 서로를 통과하는 두 파동이 뒤섞이면서 마루와 마루가 일치하는 부분은 더욱 커지고, 한 마루가 다른 파동의 골과 일치하는 부분은 상쇄된다.

감마선(gamma ray) 일반적으로 원자핵이 스스로 재배열할 때 생성되는 것으로, 가장 큰 에너지 형태의 빛이다.

강력(strong force) 양성자와 중성자 내부의 쿼크를 묶어주고, 원자핵 내부의 양성자와 중성자를 서로 묶어주는 강력한 단거리 힘이다.

게이지 보손(gauge boson) 힘의 매개자. 전자기력의 게이지 보손은 광자이고, 약력의 게이지 보손은 W^-, Z^0, W^+이며, 강력의 게이지 보손은 8개의 글루온이다.

결 흩어짐(decoherence) 물체의 이상한 양자적 특성을 파괴해서, 물체가 동시에 여러 곳이 아니라 국부적으로 나타나게 하는 메커니즘. 결 깨짐은 외부 세계가 물체에 대해서 "알게" 되면 발생한다. 그런 지식은 1개의 빛 광자나 물체에서 튕겨나가는 공기 분자에 의해서 제거될 수 있다. 테이블처럼 큰 물체는 광자나 공기 분자와 끊임없이 충돌하기 때문에 주변 환경으로부터 충분히 고립되어 있을 수 없다. 그래서 그런 물체는 우리가 알아차릴 수 없을 만큼 짧은 시간 동안 여러 곳에 동시에 존재할 수 있는 능력을 상실한다.

광년(light-year) 우주에서 거리를 표현하는 일반적인 단위. 빛이 1년 동안 움직이는 거리로, 1광년은 약 9조4,600억 킬로미터이다.

광자(photon) 빛의 입자.

국부적 게이지 대칭(local gauge symmetry) 본질적으로 자연에서 전자기력, 약력, 강력이 존재해야만 나타날 수 있는 기술적 대칭성을 말한다.

글루온(gluon) 강력을 매개하는 입자.

기본 입자(fundamental particle) 모든 물질의 기본 구성 요소들 중의 하나이다. 현재 물리학자들은 6개의 서로 다른 **쿼크**와 6개의 서로 다른 **렙톤**이 존재하여 모두 12개의 기본 입자가 존재한다고 믿는다. 쿼크가 렙톤의 다른 면에 불과한 것으로 밝혀질 것이라는 기대도 있다.

기본 힘(fundamental force) 모든 현상의 기반인 것으로 여겨지는 네 가지 기본 힘 중 하나이다. 네 가지 힘은 **중력, 전자기력, 강력, 약력**이다. 물리학자는 이러한 힘이 실제로는 하나의 슈퍼힘(superforce)의 다양한 면에 지나지 않는다고 생각하고 싶어한다. 실제로 실험을 통해서 전자기력과 약력이 동전의 다른 면과 같다는 사실은 이미 밝혀졌다.

끈 이론(string theory) 우주의 기본 구성 요소가 물질의 작은 끈으로 이루어져 있다고 가정하는 이론. 이 끈은 10차원의 시공간에서 진동한다. 끈 이론의 가장 큰 장점은 **양자 이론**과 **일반 상대성 이론**을 통합할 수 있다는 것이다.

다중 세계 이론(many worlds theory) 양자 이론이 단순히 원자와 그 구성 요소로 이루어진 미시적 세계뿐만 아니라 모든 것을 설명할 수 있다는 아이디어. 양자 이론에 따르면 원자는 동시에 두 곳에 존재할 수 있으므로 테이블도 동시에 두 곳에 존재할 수 있어야 한다. 그러나 다중 세계 이론에 따르면, 테이블을 관찰하는 사람의 마음은 테이블을 한 곳에서 인식하는 마음과 다른 곳에서 인식하는 마음이라는 두 가지로 나누어진다. 이 두 마음은 서로 다른 실재(實在) 또는 우주에 존재한다.

대칭(symmetry) 어떤 물체가 어떤 방식으로 변형되어도 변하지 않는 성질. 예를 들면, 거울에 비추었을 때 얼굴이 똑같이 보이는 것을 "거울 대칭"이라고 한다.

렙톤(lepton) 강력의 영향을 받지 않는 전자나 중성미자와 같은 기본 입자.

막(brane) 끈 이론에서 기본 입자는 10차원 시공간에서 진동하는 질량–에너지의 "끈(string)"에 해당하고, 입자에 따라 서로 다르게 진동한다. 그러나 이 이론에서는 1차원의 끈뿐만 아니라 2차원, 3차원 등의 대상도 존재할 수 있다. 그런 대상을 2-막, 3-막 등으로 부른다(일반적으로 p-막이라고 한다!). 우리 우주는 10차원 시공간에 떠다니는 3차원 섬에 해당하는 3-막일 수도 있다.

반물질(antimatter) 많은 양의 반입자가 모여 있는 상태. 실제로 반양성자, 반중성자, 양전자가 함께 모여서 반(反)원자를 만들 수 있다. 원칙적으로는 반항성, 반행성, 반생명의 가능성도 거부할 수 없다. 물질과 반물질이 50 대 50으로 혼합되어 있어야 한다는 물리학 법칙과 달리, 우리가 물질로만 이루어진 우주에 사는 것처럼 보이는 것은 물리학의 수수께끼이다.

반입자(antiparticle) 모든 아원자 입자에는 전하와 같은 반대의 속성을 가진 반입자가 존재한다. 예를 들면 음전하를 가진 전자는 양전하를 가진 반입자인 **양전자**와 쌍을 이룬다. 입자와 반입자가 만나면 고에너지 빛인 감마선을 방출하면서 스스로 폭파되어 "소멸된다."

베타 붕괴(beta decay) 불안정한 원자핵에서 빠른 속도의 베타 입자가 방출되는 현상이다. 따라서 **양성자**가 1개 더 많은 원소의 원자핵이 남게 된다.

베타 입자(beta particle) 베타 붕괴에서 방출되는 **전자**. 원자핵에 존재하던 전자가 아니라 원자핵에 들어 있는 **중성자**가 **양성자**로 변환되는 과정에서 "생성된" 전자가 방출되는 것이다.

보손(boson) 0-단위, 1-단위, 2-단위 등의 정수 스핀을 가진 미시 입자. 스핀의 특징 때문에 보손은 레이저, 초유체, 초전도체 등의 집단행동에 참여하는 매우 사교적인 성격을 가진다.

보존 법칙(conservation law) 어떤 양이 절대 변하지 않는다는 물리학의 법칙. 에너지 보존 법칙에 따르면 에너지는 생성되거나 소멸될 수 없고, 오로지 한 형태에서 다른 형태로 변환될 수 있을 뿐이다. 예를 들면 휘발유의 화학 에너지는 자동차의 운동 에너지로 변환될 수 있다.

삼중 알파 과정(triple-alpha process) 항성에서 3개의 헬륨 원자핵을 탄소 원자핵으로 융합하여 모든 무거운 원소가 합성되는 일을 가능하게 만들어주는 비현실적인 과정이다.

상대성 이론(principle of relativity) 모든 물리학 법칙은 상대에 대하여 일정한 속도로 움직이는 관찰자들에게 모두 똑같이 나타난다는 원리이다.

슈뢰딩거 방정식(Schrödinger equation) 아원자 입자와 같은 미시 입자의 확률 파동(또는 파동함수)이 시간에 따라 변화하는 방식을 결정하는 방정식이다.

스펙트럼 선(spectral line) 원자와 분자는 특징적인 파장의 빛을 흡수하고 방출한다. 방출하는 빛보다 더 많은 빛을 흡수하면 천체의 스펙트럼에 어두운 선이 나타난다. 반대로 흡수하는 빛보다 더 많이 방출하면 밝은 선이 나타난다.

스핀(spin) 일상적인 비유로는 설명할 수 없는 양이다. 굳이 설명하자면, 스핀을 가진 **아원자 입자**는 마치 작은 팽이가 회전하는 것처럼 행동한다 (그러나 실제로 회전하지는 않는다).

시공간(space-time) 일반 상대성 이론에서 공간과 시간은 본질적으로 같은 것이다. 따라서 공간과 시간은 하나의 실체인 시공간으로 취급된다. 시공간이 휘어지는 것이 바로 중력이다.

신경세포(neuron) 신경세포는 뇌의 기본 구성 요소이다. 다른 신경세포, 근육세포 또는 선(線)세포에 전기 정보를 전달하도록 특화된 세포이다.

신경전달물질(neurotransmitter) 신경세포 사이에서 전기 신호를 매개하여 신호를 강화하거나 억제해주는 화학 물질이다.

아원자 입자(subatomic particle) 전자나 중성자처럼 원자보다 더 작은 입자이다.

알파 입자(alpha particle) 양성자 2개와 중성자 2개가 결합한 헬륨의 원자핵으로, 불안정한 방사성 원자핵의 알파 붕괴에서 방출된다.

암흑 물질(dark matter) 빛을 내지 않는 우주의 물질. 천문학자는 별과 은하가 내는 빛이 우주를 지나갈 때 보이지 않는 물질의 중력에 의해서 경로가 휘어지기 때문에 암흑 물질이 존재한다는 사실을 알게 되었다. 우주에는 암흑 물질이 눈에 보이는 물질보다 적어도 10배는 더 많다. 암흑 물질의 정체는 천문학이 해결하지 못한 문제이다.

암흑 에너지(dark energy) 반발 중력을 가진 신비의 "물질". 1998년에 예기치 않게 발견된 이 물질은 눈에 보이지 않고, 우주를 가득 채우고 있으며, 은하를 서로 밀어내어 우주의 팽창을 가속시키는 것으로 추정된다. 그 것이 무엇인지에 대한 단서는 아무도 모른다.

약력(weak force) 강력과 함께 원자핵을 구성하는 양성자와 중성자가 경험하는 힘이다. 약력은 중성자를 양성자로 변환시킬 수 있어서 베타 붕괴에 관여한다.

양성자(proton) 원자핵에 들어 있는 양전하를 가진 아원자 입자로, 전자의 약 2,000배의 질량을 가지고 있다.

양자(quantum) 나눌 수 있는 물질의 가장 작은 덩어리이다. 예를 들면 광자는 전자기장의 양자이다.

양자수(quantum number) 전자의 스핀이나 궤도 에너지와 같은 미시적 속성을 결정하는 숫자를 말한다.

양자 예측 불가능성(quantum unpredictability) 미시 입자의 예측 불가능성. 입자의 행동은 원칙적으로 예측할 수 없다는 사실은 동전 던지기의 예측 불가능성과 대조해볼 수 있다. 동전 던지기는 실질적으로 예측할 수 없다. 원칙적으로 동전의 모양, 동전에 가해지는 힘, 동전 주변의 기류 등을 완벽하게 알고 있어야 결과를 예측할 수 있을 것이다.

양자 요동(quantum fluctuation) 하이젠베르크 불확정성 원리에 의해서 허용되는 진공에서 에너지가 나타나는 현상을 가리킨다. 일반적으로 에너지는 가상의 입자 형태이다.

양자 우주론(quantum cosmology) 양자 역학을 우주 전체에 적용하는 이론. 우주는 한때 원자보다 작은 크기였기 때문에 빅뱅에서 우주의 탄생을 이해하려면 그런 이론이 필요하다.

양자장 이론(quantum field theory) 모든 기본 입자를, 공간을 채워주는 기본 에너지 장의 교란인 "들뜸"으로 설명하는 이론. 들뜸은 특정 불연속적인 "양자화된" 값만 가질 수 있다. 장의 교란은 빛보다 빠르게 이동할 수 없어서 이 이론은 양자 이론과 아인슈타인의 특수 상대성 이론을 모두 통합한 것이다.

양자 이론(quantum theory) 본질적으로 원자와 그 구성 요소로 이루어진 미시적 세계에 대한 이론이다. 다중 세계 해석을 믿는 사람은 양자 이론이 거시 세계도 설명해줄 것이라고 기대한다.

양자 전기동력학(quantum electrodynamics) 빛이 물질과 상호작용하는 방식에 대한 이론이다. 발밑의 땅이 단단한 이유에서부터 레이저의 작동 원리, 신진대사의 화학에서부터 컴퓨터의 작동에 이르기까지 일상 세계의 거의 모든 것을 설명해준다.

양자 중첩(quantum superposition) 원자와 같은 양자 대상이 동시에 두 가지 이상의 상태에 있는 상황. 예를 들면 원자는 동시에 여러 곳에 존재할 수 있다. 모든 양자적 이상함은 중첩된 개별 상태 사이의 상호작용에 해당하는 "간섭"에 의해서 발생한다. 결 흩어짐은 그런 상호작용을 차단하여 양자적인 움직임을 불가능하게 만든다.

양자 진공(quantum vacuum) 비어 있는 공간에 대한 양자적 해석. 진공은 비어 있는 것이 아니라 하이젠베르크 불확정성 원리에 따라 수명이 극도로 짧은 미시 입자들로 가득 채워져 있다. 그런 미시 입자는 잠깐 존재했다가 곧바로 소멸된다.

양자 터널 현상(quantum tunnelling) 미시 입자가 감옥을 탈출하는 기적과도 같은 능력이다. 예를 들면, 알파 입자는 핵에 갇혀 있는 장벽을 뚫고 빠져나갈 수 있다. 이는 높이뛰기 선수가 4미터 높이의 벽을 뛰어넘는 것과 같다. 터널 현상은 미시 입자의 파동성에 의해서 나타나는 또다른 결과이다.

양자 확률(quantum probability) 미시적인 사건의 발생 가능성을 나타내는 확률을 말한다. 자연은 우리가 사물을 확실하게 아는 것을 금지하지만, 확률은 확실하게 알 수 있도록 허용해준다.

양전자(positron) 전자의 반입자.

얽힘(entanglement) 2개 이상의 미시 입자가 서로 뒤엉켜서 각자의 개별성을 잃어버리고 여러 가지 면에서 마치 하나의 개체인 것처럼 행동한다.

에너지(energy) 정의하기가 매우 어려운 양이다. 에너지는 생성되거나 소멸될 수 없고, 다만 한 형태에서 다른 형태로 변환될 뿐이다. 열 에너지, 운동 에너지, 전기 에너지, 소리 에너지 등이 모두 우리에게 익숙한 에너지의 형태이다.

X-선(X-rays) 고에너지의 빛.

열역학 제2법칙(second law of thermodynamics) (고립계에서는) 엔트로피가 절대 감소할 수 없다는 법칙이다. 차가운 물체에서 뜨거운 물체로는 열이 절대로 흐를 수 없다는 말과 같다.

우주 배경 복사(cosmic background radiation) 빅뱅의 불덩이에서 유래된 "잔광(殘光)". 놀랍게도 빅뱅이 일어나고 137억 년이 지난 지금까지도 우주 전체에는 섭씨 영하 270도의 미지근한 마이크로파가 남아 있다.

우주선(cosmic ray) 우주에서 날아오는, 대부분 양성자로 이루어진 고속의 원자핵. 에너지가 낮은 우주선은 태양에서 오는 것이고, 에너지가 높은 우주선은 초신성에서 오는 것일 수 있다. 오늘날 우리가 지구에서 만들 수 있는 입자보다 수백만 배나 더 큰 에너지를 가진 초고에너지 우주선의 기원은 천문학에서 풀지 못한 가장 어려운 수수께끼 중 하나이다.

이온(ion) 궤도를 도는 전자 중 1개 이상이 제거되거나 더해져서 순(純)전하를 가지게 되는 원자 또는 분자.

이진수(binary) 0과 1만 사용해서 숫자를 표현하는 방법이다. 이진법 수에서 마지막 수는 1, 그 앞의 수는 2, 그 앞의 수는 4, 그 앞의 수는 8에 해당한다. 예를 들면 1101 = 1 + (0 × 2) + (1 × 4) + (1 × 8) = 13이다.

일반 상대성 이론(general theory of relativity) 아인슈타인의 특수 상대성 이론을 일반화시킨 이론이다. 일반 상대성 이론은 한 사람이 자신에 대해서 가속되고 있는 다른 사람을 바라볼 때 어떻게 보이는가에 대한 이론이다. 가속도와 중력은 구별할 수 없어서(등가성의 원리) 일반 상대성 이론은 곧 중력 이론이다.

전기 전하(electric charge) 양전하와 음전하의 두 가지 유형을 가진 미시 입자의 속성이다. 예를 들면 전자는 음전하를 가지고 있고, 양성자는 양전하를 가지고 있다. 같은 전하를 가진 입자는 서로를 밀어내고, 반대 전하를 가진 입자는 끌어당긴다.

전자(electron) 음전하를 가지고 있는 대표적인 아원자 입자로 원자핵 주위를 돌고 있다. 누구나 알 수 있듯이 전자는 더 이상 쪼갤 수 없는 진정한 기본 입자이다.

전자기력(electromagnetic force) 자연에 존재하는 네 가지 기본 힘 중 하나이다. 우리 몸의 원자와 발밑에 있는 암석을 구성하는 원자를 포함한 모든 일상적인 물질을 서로 묶어주는 역할을 한다.

전자기약력(electroweak force) 자연의 두 가지 기본 힘인 **전자기력**과 **약력**을 통합한 설명이다. 고에너지 상태의 빅뱅에서 존재했던 힘으로 시간이 지난 오늘날 우리가 관찰하는 두 가지 힘으로 분리되었다.

전자기파(electromagnetic wave) 주기적으로 커졌다가 작아지는 전기장이 주기적으로 작아졌다가 커지는 자기장과 교대로 진동하는 파동을 말한다. 진동하는 전하에 의해서 생성되는 전자기파는 공간에서 빛의 속도로 전파된다.

중력(gravitational force) 자연의 네 가지 기본 힘 중 가장 약한 힘이다. 중력은 뉴턴의 만유인력의 법칙을 이용해서 근사적으로 설명되지만, 아인슈타인의 중력 이론인 **일반 상대성 이론**으로 더 정확하게 설명된다. 일반 상대성 이론은 블랙홀의 중심부에 있는 특이점과 우주의 탄생에 해당하는 특이점에서는 성립하지 않는다. 물리학자들은 현재 중력을 더 잘 설명할 수 있는 방법을 찾고 있다. 이미 "양자 중력"으로 불리는 이 이론은 중력을 중력자(graviton)라는 입자의 교환으로 설명할 것이다.

중력파(gravitational wave) 시공간을 통해서 퍼져 나가는 파동. 중력파는 블랙홀의 병합과 같은 질량의 격렬한 움직임에 의해 생성된다. 중력파는 매우 약하기 때문에 아직도 직접 검출하지 못하고 있다.

중력 퍼텐셜 에너지(gravitational potential energy) 중력장에서의 위치에 따라 물체가 가지게 되는 에너지를 가리킨다. 이 에너지는 예를 들면 수력 발전소의 물이 높은 곳에서 낮은 곳으로 떨어질 때 다른 형태의 에너지로 변환될 수 있다.

중성자(neutron) 원자의 중심에 있는 원자핵의 두 가지 구성 요소 중 하나이다. 중성자는 본질적으로 **양성자**와 질량은 같지만, 전하를 가지고 있지 않다. 중성자는 원자핵을 벗어나면 불안정해져서 약 10분 안에 소멸해 버린다.

중성미자(neutrino) 질량이 매우 작고 빛의 속도에 매우 가까운 속도로 움직이는, 전기적으로 중성인 **아원자 입자**이다. 중성미자는 물질과 거의 상호작용하지 않는다. 그러나 많은 수의 중성미자가 생성되면 초신성처럼 별을 폭파해버릴 수 있다.

중성미자 맛(neutrino flavour) 중성미자의 세 가지 모습 중 하나이다. 중성미자는 실제로 전자-중성미자, 뮤온-중성미자, 타우-중성미자의 중첩에 해당한다.

중성미자 진동(neutrino oscillation) 중성미자가 움직이면 각각의 맛을 감지하는 확률이 차례로 커졌다가 작아진다. 그래서 중성미자가 전자-중성미자, 뮤온-중성미자, 타우-중성미자 사이에서 진동하는 것처럼 보인다.

중성미자 질량(neutrino mass) 세 가지 유형의 중성미자는 가장 가벼운 일반적인 **아원자 입자**인 **전자**보다 약 10만 배나 더 작은 질량을 가지고 있다. **표준모형**에 따르면, 중성미자는 질량이 0이어야 하지만, 질량이 0이 아닌 이유에 대한 확실한 설명은 아직까지 없다.

질량-에너지(mass-energy) 가장 압축된 형태의 에너지이다. 질량- 에너지는 가장 농축된 형태의 에너지이다. 1그램의 질량에는 다이너마이트 100톤과 같은 양의 에너지가 들어 있다.

차원(dimension) 시공간의 독립적인 방향을 말한다. 우리에게 익숙한 세계는 3개의 공간 차원(좌우, 앞뒤, 위아래)과 1개의 시간 차원(과거,미래)을 가지고 있다. 초끈 이론에서는 우주에 6개의 공간 차원이 추가된다. 이 차원은 매우 작게 말려 있어서 다른 차원과 근본적으로 다르다.

쿼크(quark) 강력을 통해서 상호작용하는 물질의 기본 입자. 3쌍의 쿼크가 양성자와 중성자를 만든다.

큐비트(qubit) 컴퓨터의 비트에 해당하는 양자 개념. 비트는 0이나 1을 나타낼 수 있지만, 큐비트는 0과 1이 양자 중첩으로 존재할 수 있어서 0과 1을 동시에 나타낼 수 있다.

특수 상대성 이론(special theory of relativity) 한 사람이 자신에 대해서 상대적으로 일정한 속도로 움직이는 다른 사람을 바라볼 때 보이는 것에 대한 아인슈타인의 이론이다. 특수 상대성 이론에 따르면, 움직이는 사람의 시간이 느려지면서 움직이는 방향이 줄어드는 것처럼 보이며, 이 효과는 빛의 속도에 가까워질수록 더욱 두드러진다.

파동-입자 이중성(wave-particle duality) 아원자 입자가 동시에 당구공과 같은 국부적인 입자 또는 퍼져 나가는 파동처럼 행동하는 능력을 말한다.

파동함수(wave function) 원자와 같은 양자 대상에 대해서 알 수 있는 모든 것을 포함하는 수학적 함수를 말한다. 파동함수의 시간에 따른 변화는 슈뢰딩거 방정식으로 결정된다.

파울리 배타 원리(Pauli Exclusion Principle) 2개의 미시 입자(페르미온)가 같은 양자 상태를 공유하는 것이 허ㅈ용되지 않는다는 원리이다. 파울리 배타 원리는 페르미온인 **전자**가 같은 양자 상태에 쌓이는 것을 막아주어서, 결과적으로 서로 다른 원자의 존재와 우리 주변 세계의 다양성을 설명해준다.

파장(wavelength) 파동이 완전한 진동을 반복하는 거리.

페르미온(fermion) 1/2-단위, 3/2-단위, 5/2-단위 등의 반(半)정수 스핀을 가진 미시 입자. 스핀의 특성 때문에 이 입자는 서로 밀쳐낸다. 원자가 존재하고, 우리 발밑의 땅이 단단한 고체인 것은 페르미온의 반사회성 때문이다.

표준모형(standard model) 기본 입자와 그들이 전자기력, 약력, 강력을 비롯한 세 가지 기본 힘을 통해서 상호작용하는 방식에 대한 이론이다.

플라스마(plasma) 전하를 가진 이온과 전자들로 구성된 기체를 가리킨다.

하이젠베르크 불확정성 원리(Heisenberg uncertainty principle) 입자의 위치와 속도처럼, 동시에 절대적인 정밀도로 측정할 수 없는 물리량의 쌍이 존재한다는 양자 이론이다. 불확정성 원리는 그런 양자 쌍의 곱을 정확하게 잘 측정할 수 있는 한계를 설정해준다. 실제로 불확정성 원리에 따르면, 입자의 속도를 정확히 알아낼 수 있는 경우에는 입자가 어디에 있는지를 전혀 알 수 없게 된다. 반대로 위치를 확실하게 알 수 있다면 입자의 속도를 알 수 없게 된다. 하이젠베르크 불확정성 원리는 우리가 알 수 있는 것을 제한함으로써 자연을 "모호하게" 만든다. 자연을 너무 자세히 들여다보면, 신문의 사진이 무의미한 점으로 변해버리는 것처럼 모든 것이 흐릿해진다.

핵자(nucleon) 원자핵의 두 가지 구성 요소인 양성자와 중성자를 함께 부르는 용어이다.

핵 합성(nucleosynthesis) 빅뱅이나 항성의 내부에서 가벼운 원소로부터 무거운 원소가 점진적으로 만들어지는 과정. 빅뱅에서의 합성은 "빅뱅 핵 합성"이라고 부르고, 항성 내부에서의 합성은 "항성 핵 합성"이라고 부른다.

호킹 복사(Hawking radiation) 블랙홀의 사건 지평선 근처에서 생성되는 열 복사를 말한다. 양자 이론의 결과로, 하이젠베르크 불확정성 원리에 의해서 허용되는 가상 입자 쌍과 그 반입자가 진공 상태에서 지속적으로 생성되었다가 소멸되면서 발생한다. 그러나 블랙홀의 사건 지평선 근처에서는 한 쌍의 입자 중 하나가 블랙홀로 빨려 들어갈 수 있다. 함께 소멸할 상대 입자가 없는 상태로 남겨진 입자는 가상 입자에서 실제 입자로 승격된다. 그런 입자는 블랙홀로부터 (물론 항성 블랙홀의 경우에는 그 효과는 작지만) 특정 온도를 가진 복사(輻射)의 형태로 방출된다.

힉스 보손(Higgs Boson) 힘의 매개자가 아닌 유일한 보손이다. 2012년 대형 강입자 충돌기(LHC)에서 일어난 양성자–양성자 충돌의 파편에서 발견되었다. 힉스장에서 대칭성의 자발적 깨지면서 남겨진 것이다.

힉스장(Higgs Field) 모든 공간을 가득 채우고 있는 에너지의 장. 빅뱅에서 장의 대칭성 깨짐으로 힘 매개자인 W^+, Z^0, W^-에 질량을 부여됨으로써 자연의 약력이 탄생했다. 오늘날 힉스장은 물질 입자인 페르미온에 질량을 부여한다.

힘 매개 입자(force-carrying particle) 테니스공이 네트 위에서 앞뒤로 튀어오르는 것처럼 입자의 교환을 통해서 힘을 발생시키는 아원자 입자이다. 예를 들면, 전자기력은 광자의 교환에 의해 만들어진다.

주

제1장 중력

1 *The Ascent of Gravity: The Quest to Understand the Force That Explains Everything* by Marcus Chown (Weidenfeld & Nicolson, 2018).

2 중력의 차이에 의한 조석력(潮汐力)은 역제곱 법칙이 아니라 역삼제곱 법칙에 따라 줄어든다. 따라서 거리 r에서 질량 m인 천체에 의한 조석력은 m/r^3에 비례한다. 그리고 질량 m은 ρd^3에 비례한다(여기에서 ρ는 평균 밀도이다). 하늘에 떠 있는 천체의 중심 내각이 θ이면, 천체의 지름 d는 $r\theta$가 된다. 결국 모든 것을 종합하면 천체에 의한 조석력은 $\sim\rho\theta^3$이 된다. 그러나 달과 태양의 중심 내각은 거의 비슷한 탓에 조석의 효과는 달과 태양의 **밀도**에 비례하게 **된다**. 결국 달은 태양보다 2배나 큰 조석 효과를 나타내기 때문에 달의 평균 밀도는 태양의 2배가 된다.

3 "Note on tides in wells" by C. L. Pekeris (*Eos*, Transactions, American Geophysical Union, Vol. 21, Issue 2, p. 147, July/September 1940).

제2장 전기

4 *Nicholas Nickleby* by Charles Dickens (1838).

5 *What a Wonderful World: One Man's Attempt to Explain the Big Stuff* by Marcus Chown (Faber & Faber, 2014).

6 Letter to Miss Pola Fotitch, "A Story of Youth Told by Age" (1939): cited on p. 283 of *Tesla Said* edited by John Ratzlaff (1984) and on p. 5 of *Wizard: The Life and Times of Nikola Tesla* by Marc J. Seifer (1998).

7 *The Feynman Lectures on Physics*, Vol. II, p. 1–10 (Addison-Wesley, 1989).

제3장 지구 온난화

8 "Circumstances affecting the heat of the sun's rays" by Eunice Foote (*American*

Journal of Science and Arts, Vol. 22, p. 382, 1856).

9 "Note on the transmission of radiant heat through gaseous bodies" by John Tyndall (*Proceedings of the Royal Society of London*, Vol. 10, pp. 37–9, 1859).

10 대기에 들어 있는 분자의 나머지 0.97퍼센트에서 가장 큰 몫을 차지하는 것은 아르곤으로 0.93퍼센트를 차지한다.

11 지난 65만 년 동안에 발생했던 7번의 빙하기 중에서 마지막 빙하기는 약 1만 1,700년 전에 갑작스럽게 끝났다. 빙하기는 대부분 지구에 도달하는 태양열의 세기가 줄어들어서 발생했다. 그런 변화는 밀란코비치 주기로 알려진 지구 공전 궤도의 변화에 의한 것으로 추정된다.

12 "On the influence of carbonic acid in the air upon the temperature of the ground" by Svante Arrhenius (*Philosophical Magazine and Journal of Science*, Series 5, Vol. 41, p. 237, April 1896).

13 *Cosmos* by Carl Sagan (Random House, 1980).

14 "A Solution to the Faint-Sun Paradox Reveals a Narrow Window for Life" by Jonathan O'Callaghan (www.quantamagazine.org, 27 January 2022).

제4장 태양이 뜨거운 이유

15 이 설명은 완전하게 옳은 것은 아니다. 사실 태양이 무엇으로 이루어졌는지도 태양의 온도에 어느 정도 영향을 미친다. 원자가 무거워서 전자의 수가 늘어날수록 태양에서 열이 빠져나가는 것을 더 효과적으로 방해하기 때문이다. 전자가 많은 무거운 원자는 태양으로부터 열이 빠져나가지 못하도록 방해하는 데에 더 효과적이라는 뜻이다. 천문학자들은 이런 현상을 "불투명도"라고 부른다.

16 *The Internal Constitution of the Stars* by Arthur Eddington (1920).

17 양성자는 2개의 업 쿼크와 1개의 다운 쿼크로 구성되고, 중성자는 1개의 업 쿼크와 2개의 다운 쿼크로 구성된다. 따라서 양성자를 중성자로 바꾸려면 업 쿼크 1개를 다운 쿼크로 변환시켜야 한다. 이는 업 쿼크가 약한 상호작용으로 전자의 반물질 사촌인 양전자와 전자-중성미자를 방출할 때만 일어날 수 있다.

제5장 열역학 제2법칙

18 *The Two Cultures* by C. P. Snow (Cambridge University Press, 1959).

19 *The Nature of the Physical World: Gifford Lectures* (1927) by Arthur Eddington (Cambridge University Press, 2012, p. 74).

20 *Four Laws That Drive the Universe by Peter Atkins* (Oxford University Press, 2007).

21 절대온도 0도는 모든 미세한 움직임이 느려져서 완전한 정지 상태가 되는 온

도로 정의된다. 절대온도 0도는 섭씨 −273.15도에 해당하고, 0K(켈빈)이라고
부른다.

22 "The Hollow Men" by T. S. Eliot (1925).
23 Quoted in *Pathways to Modern Chemical Physics* by Salvatore Califano
(Springer, 2010).

제6장 판 구조론

24 "Japan's Earthquake and the Will of God" by Adam Hamilton (www.huffpost.
com/entry/was-japans-earthquake-the_b_837324, 21 March 2011).
25 덴마크의 물리학자 닐스 보어가 컬럼비아 대학교에서 하이젠베르크와 파울
리의 기본 입자의 비선형 장(場)이론을 설명한 후에 오스트리아의 물리학자
볼프강 파울리에게 했다고 알려진 발언. ("Innovation in Physics" by Freeman
Dyson (*Scientific American*, Vol. 199, No. 3, p. 74, September 1958).
26 최초의 대서양 횡단 전신 케이블은 1866년 이삼바드 왕국 브루넬의 선박인 SS
그레이트 이스턴 호를 통해 설치되었다.
27 *Wegener's Jigsaw* by Clare Dudman (Sceptre, 2003).
28 "The Unsolved Mystery of the Earth Blobs" by Jenessa Duncombe (eos.org/
features/the-unsolved-mystery-of-the-earth-blobs, 27 February 2019).
29 "Plate tectonics may have started 400 million years earlier than we thought" by
Carolyn Gramling (www.sciencenews.org/article/earth-plate-tectonics-may-
have-started-earlier-than-we-thought, 22 April 2020).242

제8장 원자

30 *The Feynman Lectures on Physics*, Vol. I (Addison-Wesley, 1989).
31 *Hapgood* by Tom Stoppard (Faber, 1988).

제9장 진화론

32 "The Illusion of Design" by Richard Dawkins (www.naturalhistorymag.com,
November 2005).
33 *On the Origin of Species by Means of Natural Selection, or the Preservation
of Favoured Races in the Struggle for Life* by Charles Darwin (24 November
1859).
34 *The Lives of a Cell: Notes of a Biology Watcher* by Lewis Thomas (Penguin,
1978).
35 In Our Time (BBC Radio 4, 13 December 2001).
36 A는 언제나 T와 짝을 이루고, G는 C와 짝을 이룬다. 따라서 세포의 DNA 이

중 나선이 가운데로 갈라지면, 1개의 상보적인 가닥이 형성된다. DNA 복제를 가능하게 만들어주는 것이 바로 그런 상보성이다. 용액에 떠다니는 A는 조각 맞추기처럼 노출된 T에 자동적으로 맞물리고, T는 A와 맞물리고, G는 C와 맞물리고, C는 G와 맞물린다. 그 결과 원본 DNA에서 2개의 똑같은 사본이 만들어진다.

제10장 특수 상대성 이론

37 "On the electrodynamics of moving bodies" by Albert Einstein (*Annalen der Physik*, Vol. 17, p. 891, 1905).

38 다른 효과도 작동한다. 물체의 더 먼 부분에서 나온 빛이 더 가까운 부분에서 나온 빛보다 여러분에게 더 늦게 도달한다. 그래서 물체가 회전하는 것처럼 보이게 된다. 따라서 상대방의 얼굴이 나를 향하고 있다면 머리 뒤쪽의 일부가 보이게 된다. 이런 독특한 효과를 상대론적 수차(收差) 또는 상대론적 분사출이라고 한다.

39 *The River of Time by Igor Novikov* (Cambridge University Press, 2008).

40 방 천장에 거대한 나침반 바늘처럼 매달려 있는 수평의 판자를 상상해보자. 여러분은 판자가 아니라 한쪽 벽과 그 옆의 벽에 생긴 그림자만을 보게 된다. 그런 그림자의 범위를 "길이"와 "폭"이라고 부를 수 있다. 다른 각도에서 방을 바라보는 관찰자에게는 길이와 폭이 다르게 보일 것이다. 마찬가지로 나침반의 바늘처럼 기본이 되는 시공간이라는 것이 존재한다. 그러나 우리는 그것의 그림자만 볼 수 있다. "시간"의 그림자와 "공간" 그림자만 보게 된다. 관찰자가 보게 되는 시간과 공간은 관찰자가 움직이는 속도에 따라 달라진다. 따라서 어떤 사람은 작은 공간과 긴 시간으로 보는 것을 다른 사람은 긴 시간과 좁은 공간으로 볼 수도 있다. 시간과 공간은 근원적인 것이 아니기 때문에 서로 교환될 수 있다. 근원적인 것은 시공간이다.

제11장 뇌

41 *De Profundis* by Oscar Wilde (1905).

42 "Mind and brain" by Gerald Fischbach (*Scientific American*, Vol. 267, p. 48, September 1992).

43 *Weaving the Web: The Past, Present and Future of the World Wide Web by its Inventor* by Tim Berners-Lee (Orion Business, 1999).

44 *In the Palaces of Memory: How We Build the Worlds Inside Our Heads* by George Johnson (Knopf Doubleday, 1991).

45 "In Our Messy, Reptilian Brains" by Sharon Begley (*Newsweek*, 9 April 2007).

46 *The Four-Gated City by Doris Lessing* (Flamingo Modern Classics, 2012).

47 The Electric Brain (*Nova*, PBS, 23 October 2001).

48 *The Biological Origin of Human Values* by George Edgin Pugh (Basic Books, 1977).

제12장 일반 상대성 이론

49 Quoted on p. 2 of *Einstein's Apple: Homogeneous Einstein Fields* by Engelbert L. Schucking and Eugene J. Surowitz (World Scientific, 2015).

50 "Optical clocks and relativity" by James Chin-Wen Chou *et al.* (*Science*, Vol. 329, p. 1630, 24 September 2010).

제13장 인간의 진화

51 *Evolution by Gene Duplication* by Susumu Ohno (Springer, 1970).

52 *The Ancestor's Tale: A Pilgrimage to the Dawn of Evolution* by Richard Dawkins (Weidenfeld & Nicolson, 2005).

53 *Last Ape Standing: The Seven-Million-Year Story of How and Why We Survived* by Chip Walter (Walker & Company, 2014).244

제14장 블랙홀

54 *The Mathematical Theory of Black Holes* by Subrahmanyan Chandrasekhar (OUP, 1983).

55 *A New Approach to Differential Geometry Using Clifford's Geometric Algebra* by John Snygg (Birkhäuser, 2011).

56 존 휠러는 1967년 자신의 강의를 듣고 있던 학생의 제안에 따라 "블랙홀"이라는 용어를 만들었다.

57 *Geons, Black Holes & Quantum Foam: A Life in Physics* by John Archibald Wheeler (W. W. Norton, 2000).

제15장 표준모형

58 "The Most Successful Scientific Theory Ever: The Standard Model" by David Tong (www.youtube.com/watch?v=Unl1jXFnzgo&t=64s).

59 See *We Need to Talk About Kelvin: What Everyday Things Tell Us About the Universe* by Marcus Chown (Faber & Faber, 2010).

60 실제로 쿼크는 쌍으로 뭉쳐져서 쿼크와 반(反)쿼크로 구성된 중간자(meson)를 만들기도 한다(반물질에 대해서는 제19장을 참조). 쿼크는 전하와 비슷한 "색(color)"이라는 속성을 가지고 있고, 쿼크의 색에는 파란색, 녹색, 빨간색의 세 가지 종류가 있다. 쿼크의 색은 실제 우리가 눈으로 보는 색과는 아무런 관

련이 없지만, 양성자와 중성자(청색, 적색, 녹색 쿼크로 구성)와 중간자(임의의 색을 가진 쿼크와 같은 색의 반쿼크로 구성)와 같은 모든 복합 입자는 무색 또는 흰색이다.

61 모든 비유가 그렇듯이 이 비유도 완벽한 것은 아니다. 힘이 어떻게 반발력이 될 수 있는지는 설명해주지만, 어떻게 인력이 될 수 있는지는 설명하지 못한다. 인력에 대해서는 더 깊은 "양자적" 이해가 필요하다.

62 두 쿼크를 분리하려면 엄청나게 많은 에너지가 필요해서 결국 새로운 쿼크-반쿼크 쌍의 질량 에너지를 생성하게 된다(특수 상대성 이론에 대해서는 제10장을 참조). 쿼크가 서로 분리될 수 없는 것도 그런 이유 때문이다.

제16장 양자 컴퓨터

63 *The Quest for the Quantum Computer* by Julian Brown (Simon & Schuster, 2001),245 endnotes

제17장 중력파

64 "Debate Erupts Over How 'Forbidden' Black Holes Grow" by Adam Mann (www.quantamagazine.org, 3 November 2020).

65 "The Biggest Black Hole Merger Ever Detected Rocked the Universe and Left Behind a Mystery" by Phil Plait (www.syfy.com/syfy-wire/the-biggest-black-hole-merger-ever-detected-rocked-the-universe-and-left-behind-a-mystery, 1 September 2020).

제18장 힉스장

66 "The Hunt for the Higgs Boson", *Science Scotland*, Issue 3 (www.sciencescotland.org/feature.php?id=14).

67 약력에 의해서 유도되는 베타 붕괴는 중성자가 양전하를 가지도록 만들어서 양성자를 만들기 때문에, 양전하를 가진 힘 매개체가 반드시 필요하다. 이것이 바로 W^+이다. 그리고 베타 붕괴가 반대로 작용하여 양성자에게 음전하를 더해주어서 중성자를 만들 수도 있기 때문에, 이에 대응하는 W^-가 반드시 존재해야 한다. 기술적인 이유 때문에 전하를 가지고 있지 않은 약력 운반체도 존재해야 한다. 그것이 바로 Z^0이다.

제19장 반물질

68 *The Physicist's Conception of Nature: Symposium on the Development of the Physicists Conception of Nature in the Twentieth Century* edited by Jagdish

Mehra, p. 271 (Springer, 1973).

69 양자 세계에 대한 동등한 설명인 "행렬 역학(matrix mechanics)"도 역시 1925년 독일의 물리학자 베르너 하이젠베르크, 막스 보른, 파스칼 조던이 정립한 것이다.

70 Interview with Paul Dirac by Thomas Kuhn at Dirac's home, Cambridge, England, 7 May 1963.

71 *It Must be Beautiful: Great Equations of Modern Science* edited by Graham Farmelo (Granta Books, 2002).

72 오늘날 우리는 우주선이 우주에서 나오는 고에너지 원자핵(대부분 수소의 핵)이라는 사실을 알고 있다. 저에너지 입자는 태양에서 오는 것이고, CERN의 대형 강입자 충돌기와 같은 가속기에서 얻을 수 있는 에너지보다 수천만 배나 더 큰 에너지를 가진 일부 입자를 포함한 고에너지 입자는 더 멀리 있는 우주에서 온 것이다. 2018년에 확인된 외계 은하 광원은 초대질량 블랙홀을 가진 TXS 0506+056이라는 "블레이자(blazar)" 은하이다. ("Neutrino emission from the direction of the blazar TXS 0506+056 prior to the IceCube-170922A alert" by the IceCube Collaboration [arxiv.org/pdf/1807.08794.pdf], 23 July 2018).

73 Roger's Version by John Updike (Random House, 1996).

제20장 중성미자

74 Nobel Prize interview (www.nobelprize.org/prizes/physics/2015/mcdonald/interview/, December 2015).

75 파울리는 자신이 제안한 새로운 입자를 "중성자(neutron)"라고 불렀지만, 그후 1932년 영국의 물리학자 제임스 채드윅이 양성자 이외의 또다른 입자를 발견하면서 "중성미자(neutrino)"로 이름을 바꾸게 되었다는 것이 역사적 사실이다. 그래서 양성자와 비슷한 질량을 가지면서 전하가 없는 새로운 입자를 "중성자"로 부르게 되었다.

제21장 빅뱅

76 *Afterglow of Creation: Decoding the Message from the Beginning of Time* by Marcus Chown (Faber & Faber, 2010).

77 *Flashes of Creation: George Gamow, Fred Hoyle and the Great Big Bang Debate* by Paul Halpern (Basic Books, 2022).

78 *The Little Book of Cosmology* by Lyman Page (Princeton University Press, 2020).

역자 후기

과학을 공부하는 일이 만만치 않다. 대학 입시를 준비하는 수험생에게는 특히 그렇다. 학교에서 사용하는 과학 교과서는 믿기 어려울 정도로 불친절하다. 일상생활에서는 거의 사용하지 않는 낯선 과학 개념과 논리를 지나치게 압축적으로 설명해놓은 것이 고작이다. 복잡한 방정식과 그래프를 이해하는 일도 쉽지 않다. 과학을 공부해야 하는 진짜 이유는 어디에서도 찾아볼 수 없다. 교육부도 섣불리 믿을 수가 없다. 정작 쉽고 재미있게 가르치는 중요한 일에는 관심이 없고, 애꿎은 교육과정만 위험한 수준으로 줄여놓았다. 그렇다고 수험생의 학습 부담이 줄어든 것도 아니다.

호기심과 교양에 대한 욕구로 과학에 관심을 가져보려는 일반인에게도 과학은 몹시 부담스러운 영역이다. 과학 개념을 분류학적으로 소개해놓은 과학 교과서는 아무런 쓸모가 없다. 그렇다고 중고등학교 학생을 대상으로 과학을 쉽고 재미있게 소개하는 초보적인 입문서로 만족할 수도 없다. 특정 주제나 과학의 철학적 배경과 역사를 집중적으로 소개하는, 학술서에 가까운 본격적인 과학 교양서도 크게 도움이 되지 않는다.

그렇다고 자연과 생명에 대한 현대 과학적 이해를 외면해버릴 수는 없다. 현대의 과학은 과학과 기술의 시대를 살아가는 사람이라면 누구에게나 꼭 필요한 필수 상식이 되었기 때문이다. 이제 과학 지식은 더 이상 과학을 전공한 과학자의 전유물의 아니다. 과학 상식을 충분히 갖추지 못한 사람이 경험하는 혼란은 상상을 넘어선다. 실제로 정보화 시대를 혼란스럽게 만드는 가짜 뉴스fake news는 대부분 과학 지식을 충분히 갖추지 못한 사람들을 노린 것이라고 할 수 있다.

지난 3년 동안 전 세계를 무겁게 짓누르던 코로나 19COVID-19가 인류 역사상 처음 발생한 대大재앙이라는 주장이 대표적인 가짜 뉴스였다. 그런 주장은 불과 한 세기 전이었던 1918년에 발생한 스페인 독감의 역사적 진실을 철저하게 무시한 억지였을 뿐이다. 화려한 잉카 문명이 참혹하게 사라져버린 것도 피사로의 군대가 전파한 구舊대륙의 감염병 때문이었다. 우리 눈으로 직접 볼 수는 없지만, 우리와 마찬가지로 자연 생태계의 당당한 구성원인 박테리아, 바이러스, 곰팡이의 정체를 이해해야 감염병이 인류의 역사를 가득 채운 이유도 명쾌하게 파악할 수 있다.

현대 과학적 상식을 갖추는 일이 쉬울 수는 없다. 과학이 쉽고 재미있다는 주장은 성공한 과학자에게나 적용되는 억지일 뿐이다. 지난 400여 년 동안 갈릴레오, 뉴턴, 다윈, 아인슈타인을 비롯한 인류 최고의 천재들이 어렵사리 찾아낸 자연 법칙을 이해하고, 기억하고, 활용하는 일은 결코 아무나 쉽게 할 수 없다. 과학을 공부하는 일은 어렵고 힘든 일일 수밖에 없다는 뜻이다.

그렇다고 절망하며 포기할 이유는 없다. 과학 전공자가 아닌 이상 현대 과학의 구체적인 내용을 낱낱이 이해하고 뚜렷하게 기억하지 못해도 좋다. 특히 과학의 언어라고 할 수 있는 수학과 관련된 부분은 과감하게 포기해도 괜찮다. 과학의 구체적인 내용을 완전하게 이해하려고 노력할 필요도 없다. 자연 법칙을 실제 상황에 적용해서 활용하지 못해도 된다.

오히려 현대 과학의 큰 그림을 파악하는 노력이 핵심이 되어야 한다. 자연에서 관찰되는 모든 변화가 현대 과학을 통해 합리적이고 이성적으로 설명된다는 확고한 믿음이 필요하다. 자연에 우리가 이해할 수 없는 신비는 더 이상 존재하지 않는다는 확신도 필요하다. 건강한 상식도 갖춰야 한다. 인간은 자연 생태계에서 특별한 존중을 받아야 하는 존재라는 식의 우월감도 버려야 한다. 우리가 자연 생태계에서 화려한 문명을 꽃피운 것은 오로지 우리 자신이 애써 노력한 결과라는 사실도 잊지 말아야 한다.

저명한 과학저술가인 마커스 초운이 현대 과학의 큰 그림을 이해하는 독특한 방법을 제시했다. 런던의 퀸메리 대학교에서 물리학을 공부한 초운은 1982년 캘리포니아 공과대학(칼텍)에서 노벨 물리학상을 수상한 리처드 파인먼의 지도로 천체물리학 석사 학위를 받았다. 지난 35년 동안 무려 17권의 과학 소설과 교양서를 집필한 초운이 뒤늦게 깨달은 것은 현대 과학의 모든 개념과 사실이 서로 긴밀하게 연결되어 있다는 것이다. 그래서 한 가지 핵심적인 과학적 사실에서 시작하면 서로 연결된 다양한 과학적 개념과 사실을 폭넓게 이해할 수 있게 된다.

세상의 모든 거시적인 물체는 서로 끌어당긴다는 뉴턴의 만유인력의 법칙이 대표적인 경우이다. 지구의 표면에서 힘껏 던진 야구공이 땅으로 떨어지게 하는 자연 법칙이 달이 지구 주위를 공전하게 만들고, 지구가 태양 주위를 공전하게 만든다. 그뿐이 아니다. 하루에 두 번씩 드나드는 밀물과 썰물도 달에 의한 중력의 영향으로 나타나는 자연 현상이다. 더욱이 거시적인 물체를 잡아당기는 것처럼 보이는 중력이 사실은 아인슈타인이 정립한 일반 상대성 이론에 따른 시공간의 휘어짐에 의해서 나타난다는 사실도 놀라운 과학적 진실이다.

현대 과학이 완성된 것은 아니다. 우주 만물이 물질을 구성하는 쿼크와 입자들 사이의 힘을 매개하는 보손으로 되어 있다는 표준모형도 보완이 필요한 것으로 보인다. 생명의 진화나 사람의 뇌처럼 복잡한 문제를 완벽하게 설명할 수 있게 된 것도 아니다. 우리가 세상을 온전하게 이해하기 위해서는 아직도 해결해야 할 문제가 적지 않게 남아 있다는 뜻이다.

2024년 봄
성수동 문진탄소문화원에서

인명 색인